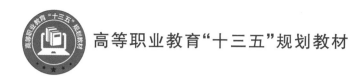

高等职业教育"十三五"规划教材

电商产品修图实训

主　编　那　淼　林　栋
副主编　张　莉

U0291236

北京邮电大学出版社
www.buptpress.com

内 容 简 介

本书是以一个典型性的工作任务为主线,结合电商美工工作岗位的职业规范要求和学生自身的认知特点,以掌握电商产品修图实操技能为目标而设计的一体化教材。

本书以电商美工在工作中遇到的具体商品类别为任务,展开一系列学习任务和学习活动设计,每个学习任务都根据任务主题设计相应的情景和学习活动,以培养学生的综合职业能力。

本书分为化妆品修图、珠宝首饰修图、食品和饮料修图、服饰修图 4 个学习任务 12 个学习活动,在具体的学习活动中贯穿不同材质、不同结构的产品修图技巧与手法的讲解,让学生在具体的工作任务中学习修图技能,以培养动手能力。

本书是一本切实符合电子商务美工方向学生学习的一体化教材,适合职业院校电子商务、艺术设计等相关专业学生及有志于从事视觉设计工作的社会学员学习或培训使用。

图书在版编目(CIP)数据

电商产品修图实训 / 那淼,林栋主编. --北京:北京邮电大学出版社,2019.11
ISBN 978-7-5635-5917-6

Ⅰ.①电… Ⅱ.①那… ②林… Ⅲ.①图象处理软件-高等职业教育-教材 Ⅳ.①TP391.413

中国版本图书馆 CIP 数据核字(2019)第 257041 号

书　　　名:电商产品修图实训
作　　　者:那　淼　林　栋
责任编辑:刘春棠
出版发行:北京邮电大学出版社
社　　　址:北京市海淀区西土城路 10 号(邮编:100876)
发 行 部:电话:010-62282185　传真:010-62283578
E-mail:publish@bupt.edu.cn
经　　　销:各地新华书店
印　　　刷:北京玺诚印务有限公司
开　　　本:787 mm×1 092 mm　1/16
印　　　张:11.75
字　　　数:307 千字
版　　　次:2019 年 11 月第 1 版　2019 年 11 月第 1 次印刷

ISBN 978-7-5635-5917-6　　　　　　　　　　　　　　　　　　　定价:59.00 元

前言
Foreword

当今是信息产业高速发展的时代,电子商务已成为热门专业。产品图片在电子商务运营领域占据重要地位,产品图片精美与否直接关系到消费者的购买欲,因此越来越多的商家开始重视"视觉营销"。对于电商美工来说,产品修图是一项必备的技能。

本书是一本专业的电商产品修图一体化教材,依据电商美工在日常工作中所面对的不同商品种类设计了不同的学习任务。

本书的所有学习任务都是从校企合作的真实项目中整理得来的,书中选取了化妆品、珠宝首饰、食品和饮料、服饰等电商平台上最为常见的产品种类,并且在每一个种类中选取了在修图方法方面最具代表性的产品修图作为学习活动。这些学习活动中的产品往往无法通过拍摄表现出完美的视觉效果,如软塑料类、金属类、玻璃类以及光影、结构和材质都较为复杂的产品,都需要使用特定的产品修图方法与技巧才能达到用图要求。本书对这些产品的修图方法和步骤进行了详细讲解。

本书的编写目的是让学生掌握电商产品修图的基本流程和修图思路,因此注重将真实的工作任务作为学习任务,让学生在具体的工作任务中学习修图技能,培养动手能力和职业能力。与此同时,在每个具体的学习活动中,通过将不同材质或者不同结构的产品作为样例进行剖析,提炼出了漫反射、透明玻璃反射、镜面反射、低透明度镜面反射等光影知识,以供学生掌握修图的基本规律。

本书由北京市新媒体技师学院航空服务专业部那淼、林栋担任主编,张莉担任副主编。在本书编写过程中得到了鞠萍、李硕、贾婧文等老师的协助与支持,在此深表感谢!同时感谢谭海鹏、刘铭华等老师在摄影方面提供的支持。

本书虽经努力推敲,但不足之处在所难免,敬请广大读者批评指正。

编　者

目录
Contents

学习任务一
化妆品修图

任务导语 ●●

  化妆品是电商产品中一个常见的类别。绝大多数化妆品的产品图片都需要精修,一是因为化妆品包装多为高反光和透明包装,所以拍摄阶段图片效果很难保证;二是因为化妆品本身的特点要求精致、高档,所以在修图的时候化妆品图片要求比一般小商品图片精细。本学习任务安排了软管包装、金色包装和组合材质等不同的产品修图内容。

任务背景 ●●

  某公司的淘宝店铺需要上架新款化妆品。该公司的产品拍摄和后期修图环节在某技师学校电商专业美工工作室完成。

  电商专业美工工作室小李负责该店铺产品图片的修图任务。通过对化妆品的分析,小李决定利用课堂学习到的不同材质的修图方法对该店铺系列产品进行精修。

学习活动 ●●●

  ☆ 学习活动 1 软管化妆品修图

  ☆ 学习活动 2 金色化妆品修图

  ☆ 学习活动 3 组合材质化妆品修图

学习活动1 软管化妆品修图

学习活动描述

本学习活动中的产品是一款包装为软质塑料的洗面奶产品,如图1-1-1所示。在修图过程中应着重通过羽化处理和蒙版的使用,尽量将光影的强度表现得真实、自然。

本学习活动的主要内容为:观察产品原图的形体是否规整,颜色是否理想,是否存在明显瑕疵及光影表现是否合理等情况,并完成该产品的修图。针对观察到的问题,在修图过程中着重注意以下几点。

★ 在调整瓶盖部分时,需注意盖口位置是否合理。

★ 绘制好盖口之后,需注意其光影细节的表现。

★ 在调整瓶身时,需特别注意主光面和辅光面光影层次的表现。注意,主光面的亮部要比辅光面的亮部亮,辅光面的暗部要比主光面的暗部暗。

★ 在调整好每个结构之后,需整体检查光影效果是否理想,同时做出适当调整,以确保制作出的光影效果自然。

图1-1-1 软管化妆品修图案例

学习目标

（1）了解软管化妆品包装的视觉特点，掌握该类产品的修图方法。

（2）能根据照片表现不足的部分从形体是否规整、颜色是否理想、是否存在明显瑕疵及光影表现是否合理等方面进行分析。

（3）了解软管化妆品修图的核心步骤。

知识链接

1. 产品修图的三大要素

产品修图的三大要素包括产品的光影、产品的结构和产品的材质，如图 1-1-2 所示。

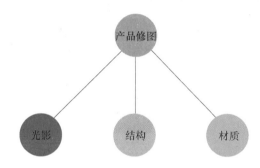

图 1-1-2 产品修图的三大要素

（1）产品的光影

产品的光影可以塑造物体的体积感。在产品修图中，要想在后期修出合适、理想的图片，就要先了解物体的光影关系。

　　■ 光影的五大构成元素

光影的五大构成元素如图 1-1-3 所示。

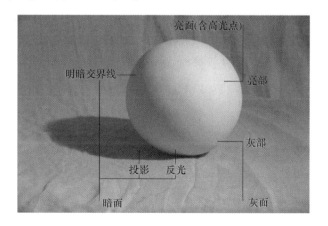

图 1-1-3 三大面、五大调子示意图

① 亮部：指物体受光的部分。

② 灰面：又称中间调，指物体本身的颜色。

③ 暗面：指物体受光极少和不受光的部分。

④ 反光：物体受光的同时，环境和周围其他物体也会受光，这个时候会有反射光反射到物体上，从而在物体上形成反光。

⑤ 投影：我们站在阳光下，可以看见自己的影子，其他物体也是一样，受光一般就会出现投影。

■ 光影的构成原理

产品摄影中常用的是单侧光布光方法。单侧光一般由三盏灯组成。针对产品摄影来讲，如果在拍摄前将一盏灯直接投射到产品的左边，则会在产品的左边形成一个主光面，这时如果在产品的右边放置一块反光板，则产品的右边会形成一个辅光面。如果在产品的背景前面有两盏灯直接投射到背景的反光板上，这时在产品的左右两侧则会形成反光，如图1-1-4所示。

图 1-1-4　光影的构成

（2）产品的结构

任何物体都是由基本形状构成的，本学习活动案例就是将软管化妆品从形状上加以拆分，再进行修图。

（3）产品的材质

对不同材质的产品，当同样的光投射在产品表面上时，会呈现不同的光影效果。本学习活动所涉及的产品是塑料材质，塑料材质又称亚光材质，灯光投射在该类型材质的产品上，光源模糊，明暗过渡均匀，反射能力较弱。塑料材质可以细分为硬质塑料、软质塑料和透明塑料。本学习活动中的产品是软质塑料包装的洗面奶。灯光投射在软质塑料产品上时，与硬质塑料相比，其光线过渡没那么明显，且光源较模糊，反射较小。

2. 产品修图的基本流程

（1）挑选产品图

修图之前一般需要从很多拍摄的产品样片中挑选出产品大小合适、像素清晰度高和构图理想的图片。

（2）形态端正

在产品修图中产品形态端正与否，直接影响到后期修图效果的好坏，因此在修图时首先需要观察产品的形态是否端正，如是否出现多余的部分，是否局部有残缺，是否出现倾斜等。如果存在这些情况，需要在修图时进行调整。

（3）抠图

产品抠图是产品修图的一个基本功。在产品修图中，抠图的目的是将产品和背景部分分开，同时拆分出各个小部分，方便补光。在抠图过程中最常用的工具是"钢笔工具"。

（4）去除杂点

产品在拍摄当中，难免会存在一些瑕疵或杂点，因此在修图时要细心观察，利用"修补工具"和"仿制图章工具"，将瑕疵或杂点清除干净。

（5）添加光影

添加产品光影的五大调。

（6）瓶贴

一般产品表面都带有 logo 和文字，而这部分内容往往会在添加光影的时候被遮盖住，因此在光影添加好之后，需要将 logo 和文字重新制作上去。

——参考吾淘网 飞鸟

活动实施

1. 任务分析

打开软管化妆品的图片，观察产品在拍摄过程中产生的缺陷和不足之处。该软管化妆品由塑料材质构成，形体类似圆柱体，图片为单侧光拍摄。此类产品在拍摄中，当单侧光投向产品时，光源模糊，反射光较小，明暗过渡均匀。观察原图可以发现拍摄的洗面奶的位置有点偏、颜色发灰、偏暗，无明显瑕疵，光影层次不够明显。

2. 修图过程

01 在 Photoshop 软件中打开软管洗面奶图片，如图 1-1-5 所示。

图 1-1-5　打开软管洗面奶图片

02 对产品进行抠图处理。分别绘制瓶身、瓶盖和连接三个部分的路径,如图 1-1-6 所示。绘制完成后,将路径转化为选区,将选区的羽化半径设置为 1 像素,如图 1-1-7 所示。

图 1-1-6　绘制产品不同结构的路径

图 1-1-7　将路径转化成选区并设置羽化

03 按 Ctrl＋J 组合键将所选结构复制到新图层中,使用相同的方法将另外两个结构也复制到新图层。注意瓶身在最上方图层,连接部分在中间图层,瓶盖在最下方图层,如图 1-1-8 所示。

图 1-1-8　将产品按结构放在新的图层

04 为了能够更加清楚地看到产品的外形,新建一个空白图层填充浅绿色渐变背景,将该图层放在产品三个部分图层的底下,如图 1-1-9 所示。打开标尺,拖出一条垂直的参考线使其居于画布中间,拖出两条水平方向的参考线,分别对准瓶身的最高处和最低处,如图 1-1-10 所示。

图 1-1-9　创建浅绿色背景

图 1-1-10　填充背景并添加参考线

[05] 新建瓶身群组。用"钢笔工具"绘制瓶身,并填充合适的颜色,如图 1-1-11 所示。

图 1-1-11　填充中间色调

[06] 绘制瓶身的光影,使其显得饱满。用"钢笔工具"在瓶身上面绘制一个阴影形状,并填充合适的颜色,如图 1-1-12 所示。为阴影图层添加图层蒙版,前景色和背景色分别设置为黑色和白色,使用"渐变工具"→"线性渐变",为蒙版填充由黑至白的渐变色,如图 1-1-13 所示。

图 1-1-12　绘制瓶身阴影形状

图 1-1-13　为瓶身阴影形状添加蒙版图

07 添加主光面效果。用"钢笔工具"沿着瓶身左侧绘制一个亮部形状,如图 1-1-14 所示。将该图层的混合模式设置为"柔光",效果如图 1-1-15 所示。执行"滤镜"→"模糊"→"高斯模糊"命令,效果如图 1-1-16 所示。

图 1-1-14　绘制瓶身左侧亮部

图 1-1-15　左侧亮部图层模式"柔光"

08 重复步骤**07**,添加辅光面效果,效果如图 1-1-17 至图 1-1-19 所示。

图 1-1-16　左侧亮部图层高斯模糊

图 1-1-17　绘制瓶身右侧亮部

图 1-1-18　右侧亮部图层模式"柔光"

图 1-1-19　右侧亮部图层高斯模糊

09 添加瓶身右侧的阴影。用"钢笔工具"沿着瓶身右侧边缘绘制一个阴影形状,如

图 1-1-20 所示。执行"滤镜"→"模糊"→"高斯模糊"命令,效果如图 1-1-21 所示。使用同样的方法制作瓶身左侧的阴影效果,效果如图 1-1-22 和图 1-1-23 所示。

图 1-1-20　绘制右侧阴影形状

图 1-1-21　右侧阴影高斯模糊

图 1-1-22　绘制左侧阴影形状

图 1-1-23　左侧阴影高斯模糊

10 此时,软管洗面奶的轮廓不清晰了,可以分别添加左右两侧边缘的阴影效果。用"钢笔工具"沿着瓶身右侧边缘绘制一条阴影形状,如图1-1-24所示。执行"滤镜"→"模糊"→"高斯模糊"命令,效果如图1-1-25所示。

图1-1-24　绘制右侧轮廓阴影　　　　图1-1-25　右侧轮廓阴影高斯模糊

11 在左侧边缘绘制反光。用"钢笔工具"沿着瓶身左侧边缘绘制一个反光形状,如图1-1-26所示。执行"滤镜"→"模糊"→"高斯模糊"命令,效果如图1-1-27所示。使用同样的方法制作瓶身右侧的反光,效果如图1-1-28和图1-1-29所示。

图1-1-26　绘制左侧反光形状　　　　图1-1-27　左侧反光高斯模糊

图 1-1-28　绘制右侧反光形状　　　　　　　　　图 1-1-29　右侧反光高斯模糊

12 为增加左侧轮廓清晰程度，在左侧边缘绘制阴影。用"钢笔工具"沿着瓶身左侧边缘绘制一个形状，如图 1-1-30 所示。

图 1-1-30　绘制左侧轮廓阴影

13 绘制主光面区域光影细节。用"钢笔工具"在主光面的上方区域绘制一个形状，如图 1-1-31 所示。为了使光的表现更加自然，将图层模式设置为"柔光"，并执行"滤镜"→"模糊"→"高斯模糊"命令，效果如图 1-1-32 所示。可以看到新加的光线和原来瓶身光线连接不自然，为图层添加图层蒙版，使用"画笔工具"，将前景色设置为黑色，调整画笔的流量和不透明度，在不自然的区域进行涂抹，效果如图 1-1-33 所示。

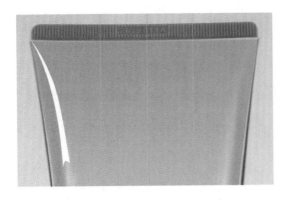

图 1-1-31　绘制左侧光影细节

图 1-1-32　左侧细节柔光模糊

图 1-1-33　左侧光影上下过渡

14 顶部光影细节处理。使用"钢笔工具"在主光面的上方区域绘制一个形状,如图 1-1-34 所示。为了使光的表现更加自然,将图层透明度降低,并为图层添加图层蒙版,使用"画笔工具",将前景色设置为黑色,调整画笔的流量和不透明度,在不自然的区域进行涂抹,效果如图 1-1-35 所示。

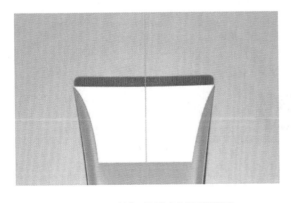

图 1-1-34　绘制顶部光影细节形状

图 1-1-35　顶部光影细节处理

15 将瓶身的顶部作为一个选区,新建一个"色相饱和度"调整图层,调整尾部的颜色,如图 1-1-36 所示。新建一个图层,在"新建图层"对话框中将"模式"设为"柔光",勾选"填充柔光中性色(50％灰)"复选框,单击"确定"按钮,设置如图 1-1-37 所示。将瓶身尾部作为一个选区,使用"画笔工具"选择白色对该区域两侧进行适当涂抹,使得瓶尾部分中间暗,两侧亮,涂抹效果如图 1-1-38 所示。绘制完的瓶身整体效果如图 1-1-39 所示。

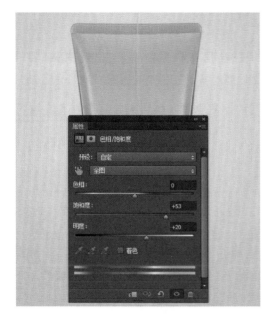

图 1-1-36 "色相饱和度"调整图层   图 1-1-37 新建图层

图 1-1-38 瓶尾处理效果

图 1-1-39 瓶身整体效果

16 制作瓶贴。对于产品瓶贴，如果有现成的，只需直接贴上去，并注意透视和光影效果。但在大多数情况下无法直接使用现成的瓶贴，需要自己亲手制作。下面先将"叶子"图案抠取下来，通过调整"色相饱和度"调整叶子的颜色，如图 1-1-40 所示。然后把文字部分置入图像，并做适当处理，如图 1-1-41 所示。

图 1-1-40　瓶贴"叶子"图案　　　　　　　　　　图 1-1-41　瓶贴文字

17 新建瓶盖组，从填充中间调开始。使用"钢笔工具"沿着瓶盖边缘绘制一个形状，并填充合适的颜色，如图 1-1-42 所示。绘制盖中形状，修正盖口所在位置。使用"椭圆工具"在瓶盖中间位置绘制一个椭圆，如图 1-1-43 所示。使用"钢笔工具"在椭圆偏上方绘制一个半圆，如图 1-1-44 所示。

图 1-1-42　填充瓶盖中间调　　　　　　　　　　图 1-1-43　开口椭圆

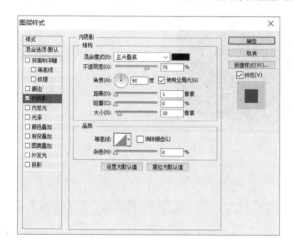

图 1-1-44　开口半圆

18 制作盖口的光影效果。仔细观察盖口,发现内侧边缘不受光,而外侧边缘的反光最为强烈。选择椭圆所在的图层,单击"添加图层样式"按钮,选择"内阴影"和"外发光"图层样式,如图 1-1-45 和图 1-1-46 所示,分别设置参数值。

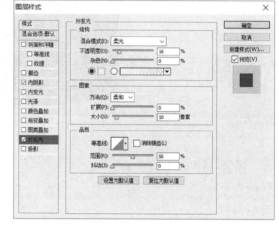

图 1-1-45　"内阴影"图层样式　　　　　　　图 1-1-46　"外发光"图层样式

为半圆拷贝同样的图层样式,效果如图 1-1-47 所示。

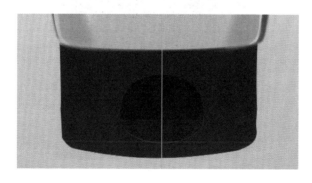

图 1-1-47　盖口的光影效果

19 绘制上盖口高光效果。新建一个空白图层,使用"椭圆选框工具"绘制形状,填充白色,如图 1-1-48 所示。接下来为该图层添加图层蒙版,使用"渐变工具"选区填充黑色到白色渐变(可以使用径向渐变的填充方式完成),降低图层的不透明度,效果如图 1-1-49 所示。用同样的方法为下盖口创建高光效果,如图 1-1-50 所示。

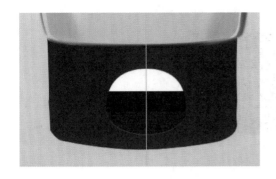

图 1-1-48　上盖口高光

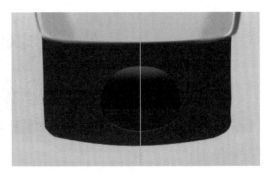

图 1-1-49　上盖口高光效果处理

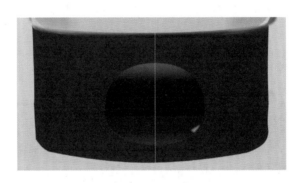

图 1-1-50　下盖口高光效果处理

20　制作整个瓶盖的高光效果。用"钢笔工具"绘制瓶盖的高光形状,填充白色,将该图层的混合模式设为"强光",并执行"滤镜"→"模糊"→"高斯模糊"命令,降低图层的不透明度,效果如图 1-1-51 所示。

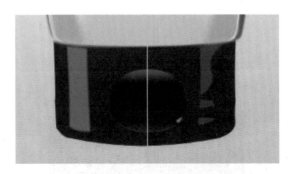

图 1-1-51　瓶盖高光效果

最后,完成修图,效果如图 1-1-52 所示。

图 1-1-52 修图完成效果

结果检测

（1）软管化妆品图片经过后期修饰，产品表面变得明亮、光滑。

（2）产品表面的瑕疵得到修复，图片变得整洁。

（3）产品的高光和反光形状变得比较明确，轮廓更加清楚。

知识拓展

（1）软质塑料材质包装产品的主要特点是什么？

（2）调整软管化妆品瓶身光影效果时，主光面和辅光面光影层次如何表现？

（3）总结出软管化妆品修图的核心步骤。

（4）试着为一款带金属部分包装的软管化妆品进行修图。

学习活动 2　金色化妆品修图

学习活动描述

　　根据金色化妆品的产品特点，完成修图。案例如图 1-2-1 所示。

图 1-2-1　金色化妆品修图案例

学习目标

（1）了解金色包装的视觉特点，掌握该类产品的修图方法。

（2）能对照片拍摄过程中表现不足的部分进行精确调整，并对产品的高光、暗部、投影等进行精确的绘制。

知识链接

1. 金属物体的特征

一般来讲，金属物体表面密度大，透光性弱，反射力强，因此对光源极为敏感。高光是光面物体最重要的视觉特征，高光亮度一般都很强。由于物像的形体特征、固有色的明度差异等，因此在其亮度、形状及虚实关系上，都呈现微妙的变化，这些变化同形体的塑造、质感的表现都有着密切的关系。

金色化妆品一般是柱体，拍摄时力求光感强烈，明暗反差大。产品要有明确的高光、暗部、反光等结构。高光部分一般是柔光效果，与亮面有柔和的过渡。

该类产品同时要求表面干净整洁，无灰尘；反射面颜色单纯，无杂乱光影（包含环境和道具等倒影）。

2. 金色化妆品的修图要求

① 产品具有明确的暗部、反光、高光等结构。

② 金属反光面颜色单纯，无杂乱反光。

③ 金色饱和度高，颜色真实。

活动实施

1. 任务分析

该产品图片存在一定缺陷，首先产品的饱和度不够，导致金色产品缺少艳丽感。其次，产品深色的反光带颜色不够重，高光部分不够亮，导致对比不明显。最后，产品的瓶盖部分、玻璃反光部分光线杂乱。

2. 修图过程

01 在 Photoshop 软件中打开金色化妆品图片，如图 1-2-2 所示。

图 1-2-2　打开金色化妆品图片

02 对产品进行抠图处理。使用“钢笔工具”分别绘制产品瓶身、瓶盖、瓶盖顶部三个部分的路径，如图 1-2-3 所示。

图 1-2-3　绘制产品不同结构的路径

03 在路径面板上按住 Ctrl 键并单击瓶身路径，将瓶身部分转化为选区。然后按 Ctrl＋J 组合键将该部分复制到新的图层中。使用相同的操作方法将瓶盖和瓶盖顶部也分别放在新的图层中。注意图层放置的顺序，效果如图 1-2-4 所示。

图 1-2-4　将产品按结构放在新的图层

04 按 Ctrl＋R 组合键打开标尺，拖出一条参考线并放到画布的中间。选中产品三个结构的图层，移动并使产品中心对齐到参考线的位置，如图 1-2-5 所示。在产品图层的下面新建一个空白图层，并填充白色，如图 1-2-6 所示。

图 1-2-5　将产品放在画布正中间

图 1-2-6　填充白色背景

05　修饰瓶盖顶部的部分。执行"滤镜"→"杂色"→"蒙尘与划痕"命令,将半径和阈值的数值设为 5,如图 1-2-7 所示。经过该操作就可以将镜面上的灰尘进行有效去除。

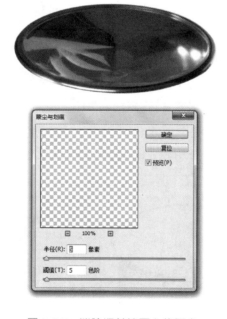

图 1-2-7　消除瓶盖镜面上的灰尘

06　使用"椭圆选框工具"将镜面部分变成选区,如图 1-2-8 所示。新建一个空白图层,分别设置前景色和背景色为镜面的亮部颜色和高光颜色。选择"渐变工具",将填充方式设置为"角度渐变",打开渐变编辑器,选择"从前景色到背景色渐变",如图 1-2-9 所示。设置完成后对椭圆选区进行填充,最后将该图层的透明度调到 80%。

图 1-2-8　将瓶盖镜面部分变成选区

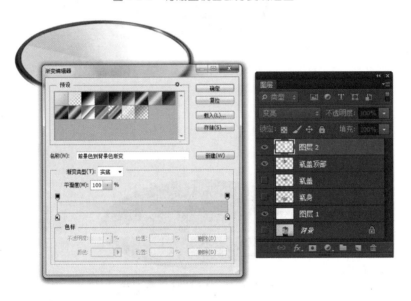

图 1-2-9　使用渐变工具填充镜面颜色

07 打开瓶盖部分的图层,按 Ctrl＋M 组合键打开"曲线"命令面板,将暗部颜色压低,亮部颜色提高,如图 1-2-10 所示。

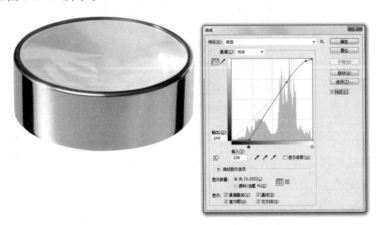

图 1-2-10　调整瓶盖的明暗对比度

08 由于左侧的暗部区域过宽,需对该区域大小进行调整。使用"钢笔工具"绘制合适大小的暗部路径,如图 1-2-11 所示。绘制完成后将该路径转化为选区,如图 1-2-12 所示。

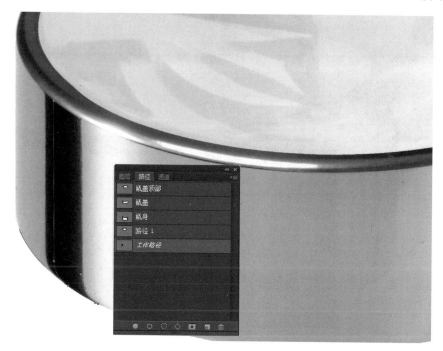

图 1-2-11 使用"钢笔工具"绘制合适大小的路径

图 1-2-12 将绘制的区域转化成选区

按 Ctrl+J 组合键,将选中的暗部区域复制到新的图层。然后回到瓶盖图层,选择"仿制图章工具",使用左侧金色作为图像源对多余的暗部区进行涂抹,这样就得到了暗部的形状,如

图 1-2-13 所示。

图 1-2-13 瓶盖暗部修饰完成效果

09 打开瓶身图层,同样使用"曲线"命令对暗部区域和亮部区域进行调整,如图 1-2-14 所示。

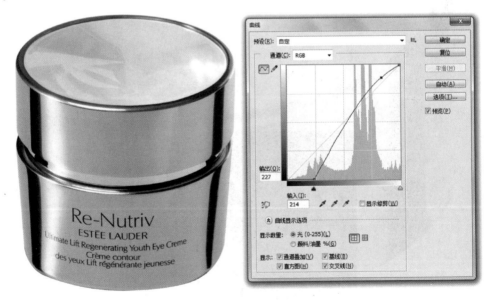

图 1-2-14 调整瓶身部分的明暗对比

这时发现瓶身的饱和度仍然不高。按 Ctrl+U 组合键执行"色相饱和度"命令,将瓶身图层的饱和度数值设置为 15,如图 1-2-15 所示。

图 1-2-15　增加瓶身部分的饱和度

10 调整瓶身暗部区域的形状。执行"滤镜"→"液化"命令,使用"涂抹工具"将暗部的形状进行调整推直处理,如图 1-2-16 所示。

图 1-2-16　使用液化调整暗部形状

11 调整瓶身左侧暗部区域的形状。使用"钢笔工具"绘制左侧暗部形状的路径并转换为选区,如图 1-2-17 所示。按键盘上的 Ctrl＋J 组合键,将深色形状复制到新的图层,然后按键盘上的 Ctrl＋T 组合键,执行"自由变换"命令,单击右键选择"水平翻转"命令,将得到的图形调整并对齐到右侧暗部区域,如图 1-2-18 所示。

图 1-2-17   创建暗部形状的选区

图 1-2-18   复制并翻转得到右侧暗部形状

12 添加瓶身的高光部分。使用"钢笔工具"绘制瓶身右侧高光的形状路径并转换为选区,如图 1-2-19 所示。使用"渐变工具",选择"线性渐变"方式,颜色设置为"前景到透明渐变",填充白色高光带,如图 1-2-20 所示。

图 1-2-19　创建右侧高光形状的选区

图 1-2-20　填充高光带颜色

高光带的颜色过亮,将该图层的不透明度调至 68%。用上一步骤中相同的方法增加瓶盖部分的高光带,如图 1-2-21 所示。

图 1-2-21　增加瓶盖右侧亮光带

13　制作产品的投影。取消显示白色背景图层,按 Ctrl＋Shift＋Alt＋E 组合键将产品部分盖印新的图层。将该图层的透明度调低,按 Ctrl＋T 组合键,执行"自由变换"命令。首先单击右键执行"垂直翻转"命令,然后再次单击右键执行"变形"命令,通过调整使阴影形状与产品底部弧度相一致,如图 1-2-22 所示。最后为阴影部分的图层添加一个蒙版,使用黑白渐变填充增加阴影的渐变消失感,如图 1-2-23 所示。

图 1-2-22　调整阴影的形状

图 1-2-23 调整阴影的透明度和消失感

修图完成效果如图 1-2-24 所示。

图 1-2-24 修图完成效果

结果检测

（1）金色化妆品经过后期修饰，产品表面变得明亮、光滑。

（2）产品表面的瑕疵得到修复，产品整体变得整洁。

（3）产品的高光和反光形状变得比较明确，轮廓更加清楚。

知识拓展

（1）金色包装产品的主要特点是什么？

（2）如何修整金色化妆品暗部和高光的形状？

（3）如果产品的亮部过亮，应当如何处理？

学习活动 3　组合材质化妆品修图

学习活动描述

　　本学习活动中的产品是由金属和玻璃两种材质组合而成的。这款产品在拍摄时为了提高玻璃瓶身的透光度增加了曝光量,而这样一来产品金属部分的亮度就过高了,因此需要通过后期修图平衡不同材质的光线亮度。另外,产品玻璃部分光线结构不够简洁,需要通过后期重新塑造。

　　本学习活动的主要内容为:根据组合材质化妆品的产品特点,完成一款香水产品的修图。组合材质化妆品修图预期效果如图 1-3-1 所示。

图 1-3-1　组合材质化妆品修图案例

学习目标

（1）了解组合材质包装的视觉特点，掌握该类产品的修图方法。

（2）能对照片拍摄过程中表现不足的部分进行精确调整，并对产品的高光、暗部、投影等进行精确的绘制。

知识链接

1. 玻璃材质产品的特征

光线投射到玻璃材质上，穿透力强，明暗过渡均匀，边缘反射强烈。

针对半透明玻璃材质的产品修图，需要特别注意产品的质感表现，对光影的羽化和涂抹处理要合适、到位，整个产品要干净、通透，以还原产品的固有形态。

玻璃产品的轮廓在拍摄时不容易拍清楚，需要后期修图时手动添加上去，让产品看起来形体明确。

装有液体的玻璃产品在拍摄时，由于光线的折射现象，会产生千变万化的光影。过多的光影会影响产品的整体感，需要借助后期进行梳理。

2. 组合材质化妆品的修图要求

① 把产品不同材质的结构分层，根据不同结构的不同材质进行单独处理。

② 金属部分结构要求明暗反差大、颜色饱和度高。

③ 玻璃瓶体部分要求光影简洁，高光形状明确。

④ 塑料部分要求颜色过渡均匀。

活动实施

1. 任务分析

打开化妆品的图片，观察产品在拍摄过程中产生的缺陷和不足之处。产品的瓶盖是金属材质，瓶身是透明的玻璃材质。拍摄过程中为了提高瓶身的透明度，增加了曝光量，导致瓶盖金属部分的光线过亮，颜色饱和度变低。

瓶盖顶端玻璃球和瓶身玻璃部分的反光看上去有些杂乱。瓶身的边缘处轮廓不够清晰，还有一些炫光。

2. 修图过程

01 在 Photoshop 软件中打开组合材质化妆品图片，如图 1-3-2 所示。

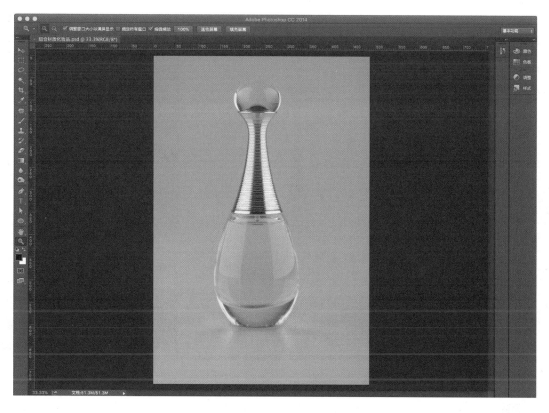

图 1-3-2　打开组合材质化妆品图片

02 对产品进行抠图处理。分别绘制玻璃球、瓶盖金属部分和瓶身三个部分的路径,如图 1-3-3 所示。绘制完成后,将路径转化为选区,将选区的羽化半径设置为 1 像素,如图 1-3-4 所示。

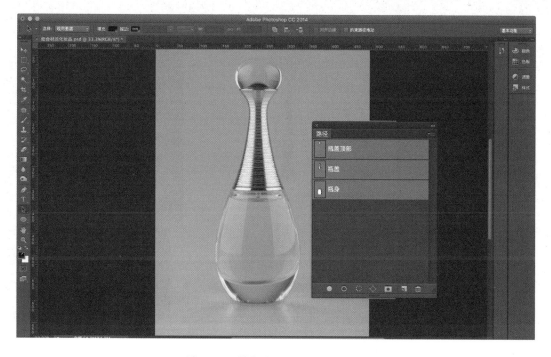

图 1-3-3　绘制产品不同结构的路径

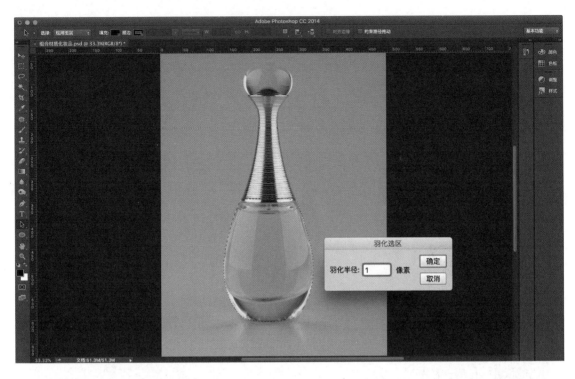

图 1-3-4　将路径转化成选区并设置羽化半径

03 按 Ctrl+J 组合键将三个部分分别复制到新的图层中。注意瓶身在最下面图层,瓶盖金属部分在中间图层,顶端玻璃球在最上方图层,如图 1-3-5 所示。

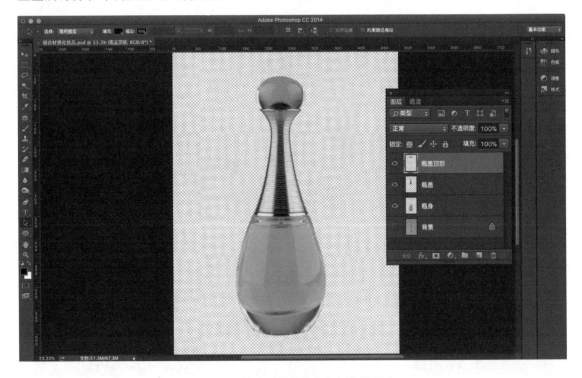

图 1-3-5　将产品按结构放在新的图层中

04 为了能够更加清楚地看到产品的外形,新建一个空白图层并填充蓝色,将该图层放在产品部分的图层底下,如图 1-3-6 所示。打开标尺,拖出一条垂直的参考线使其居于画布中间,拖出一条水平方向的参考线,使其对准瓶盖的最宽处,如图 1-3-7 所示。

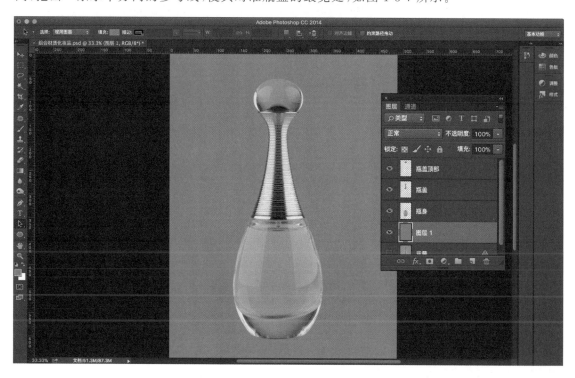

图 1-3-6 填充蓝色背景

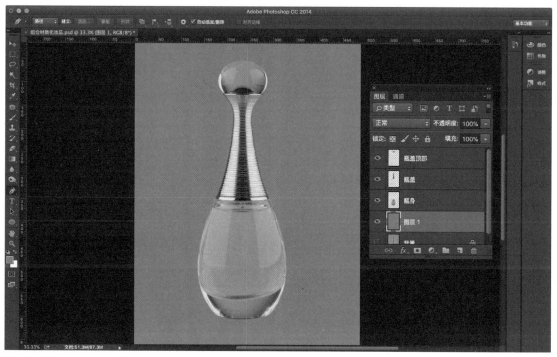

图 1-3-7 将产品放在画布正中间

选中产品三个结构的图层,将其水平移动到画布的正中间。按 Ctrl+T 组合键执行"自由变换"命令,将瓶盖金属部分的中心对齐到垂直参考线,如图 1-3-8 所示。

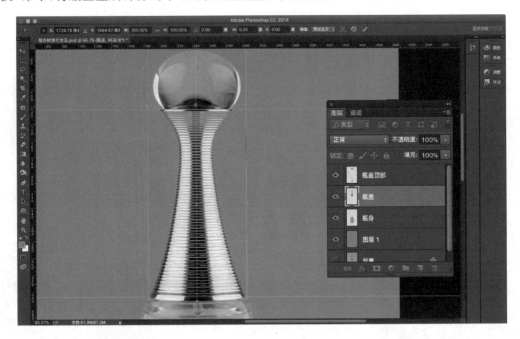

图 1-3-8　将产品整体对齐参考线并调整瓶盖金属部分的角度

05 修饰瓶盖顶端的玻璃球部分。先消除玻璃球上的灰尘,执行"滤镜"→"杂色"→"蒙尘与划痕"命令,半径和阈值设都为 4,如图 1-3-9 所示。执行完命令后发现小颗粒灰尘部分基本消除,只剩一些较大颗粒的部分,这时使用"修补工具"将其手动去掉,如图 1-3-10 所示。

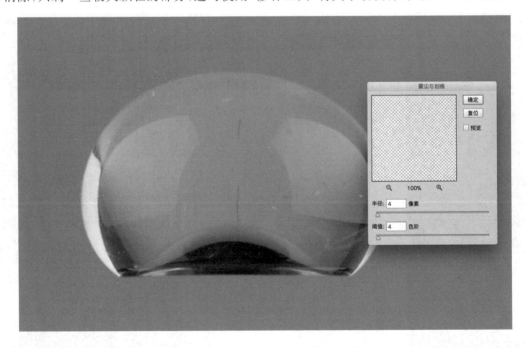

图 1-3-9　消除玻璃球上的小颗粒灰尘

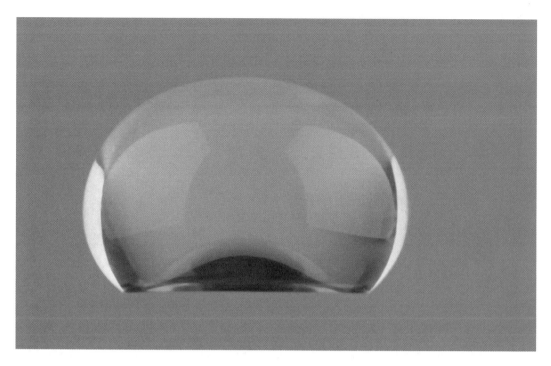

图 1-3-10　使用"修补工具"修掉大颗粒灰尘

06 消除玻璃球两侧深色和白色反光部分。新建一个空白图层,按 Alt 键单击该图层和玻璃球图层的中间处,使其成为剪切蒙版。使用"画笔工具",吸取亮部的颜色在空白图层上对深色和白色反光部分进行涂抹覆盖,如图 1-3-11 所示。

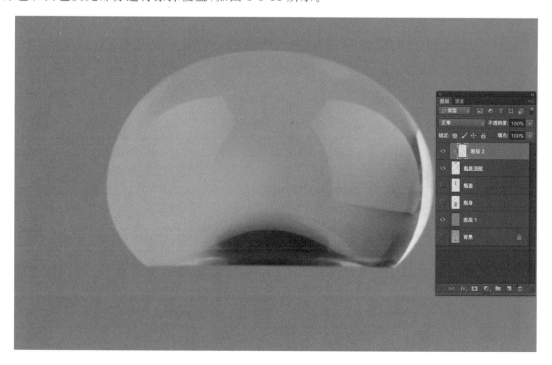

图 1-3-11　建立剪切蒙版后用"画笔工具"消除反光

07 绘制完成后发现产品的轮廓不够清楚。按住 Ctrl 键单击该图层缩略图,将其变成选区。将该选区向右移动几个像素,然后按 Ctrl＋Shift＋I 组合键反选该选区。新建一个空白图层,按 Alt 键单击该图层和下方玻璃球图层,创建剪切蒙版,如图 1-3-12 所示。

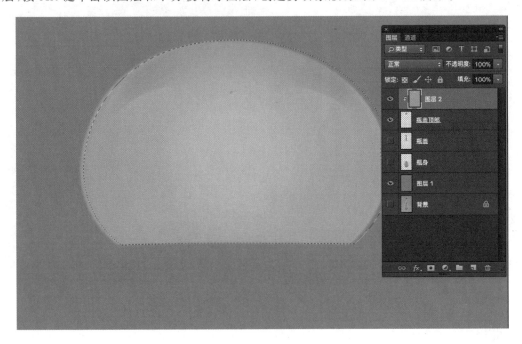

图 1-3-12　创建轮廓区域的选区

使用"画笔工具"选择深色在该区域涂抹,如图 1-3-13 所示。使用同样的方法对右侧区域的轮廓进行处理。

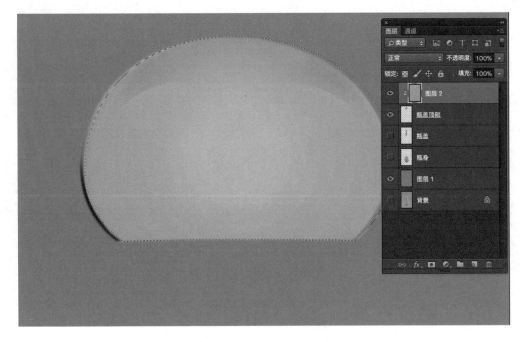

图 1-3-13　绘制轮廓区域的颜色

08 绘制亮部反光的部分。新建一个空白图层，使用"椭圆选框工具"绘制一个选区，如图 1-3-14 所示。

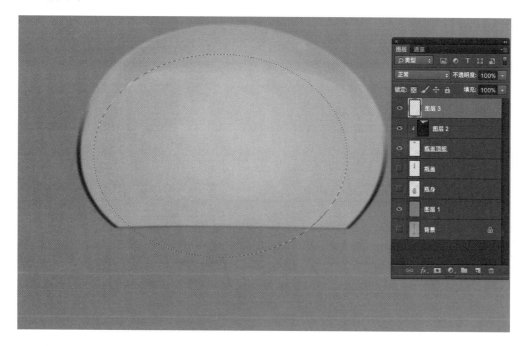

图 1-3-14　建立亮部选区

使用"渐变工具"，将前景色设为白色，使用从"前景色到透明渐变"的方式对选区进行填充，如图 1-3-15 所示。

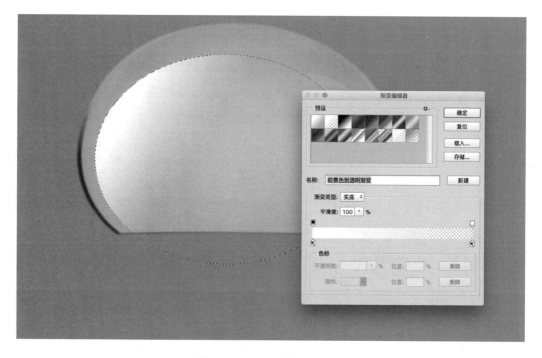

图 1-3-15　填充亮部反光颜色

将刚刚填充颜色的图层的不透明度调整为80%,使用蒙版的方式对亮光的边缘处进行遮挡过渡。右侧部分使用"复制＋水平翻转"的方法就可以得到,如图1-3-16所示。

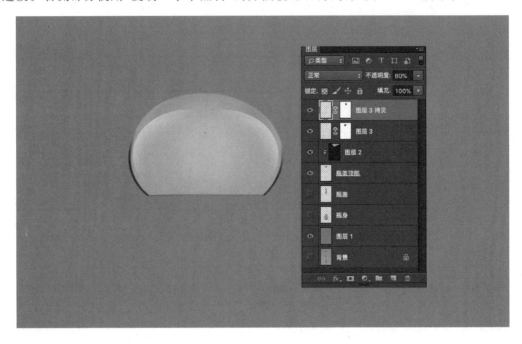

图1-3-16　复制右侧反光

09　绘制玻璃球内部深色凸起的颜色。新建一个空白图层,使用"椭圆选框工具"绘制一个圆形选区,如图1-3-17所示。接下来为该选区填充一个深色渐变(可以使用径向渐变的填充方式完成),填充完成后按Alt键单击该图层和下方玻璃球图层的中间处,使其变成剪切蒙版。这样就得到了半圆形的深色凸起,如图1-3-18所示。

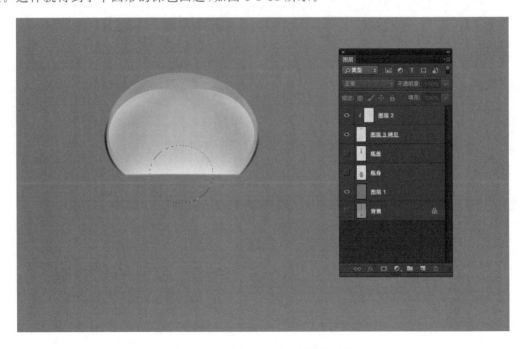

图1-3-17　绘制玻璃球内部圆形选区

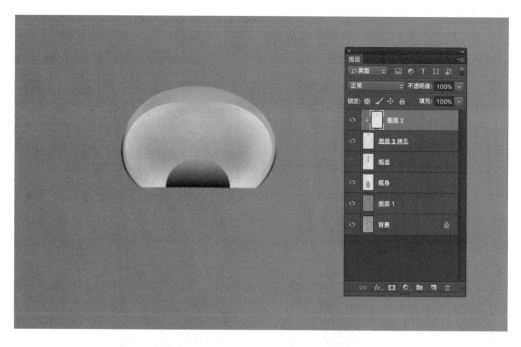

图 1-3-18 填充颜色并变成剪切蒙版

10 接下来打开金属瓶盖的图层,这一部分的主要问题是:瓶盖亮部的颜色过亮,饱和度不高。为了避免蓝色背景对金色的视觉干扰,将蓝色背景图层改为白色。新建一个空白图层,将该图层的混合模式设为"正片叠底"。按住 Alt 键,单击该图层和下方图层的中间处,使其变成剪切蒙版。使用"画笔工具"将画笔的不透明度调至 30% 左右。对金属的亮部进行涂抹,这样就使得金属的颜色更加明显,如图 1-3-19 所示。

图 1-3-19 改善金属瓶盖过亮的部分

11 将绘制完的颜色图层和瓶盖的图层合并。新建一个空白图层,混合模式设为"柔光",并且创建剪切蒙版。使用"画笔工具",分别选择黑色和白色,对金属的暗部和亮部进行涂抹,以此增加金属的立体感,如图 1-3-20 所示。

图 1-3-20 利用"柔光"模式增加金属的立体感

12 打开瓶身部分图层,首先来加深轮廓部分的颜色。按住 Ctrl 键单击瓶身图层缩略图,将瓶身部分变成选区,向右侧移动几个像素,如图 1-3-21 所示。新建一个空白图层,按下 Alt 键,单击该图层和下方瓶身图层中间处,创建剪切蒙版。

图 1-3-21 创建瓶身选区并移位

　　反选该选区，使用"画笔工具"，选取深灰色对轮廓区域进行涂抹，这样就得到了瓶身左侧的轮廓形状，如图1-3-22所示。瓶身右侧的轮廓通过复制就可以得到，如图1-3-23所示。

图1-3-22　绘制瓶身左侧轮廓形状

图1-3-23　复制右侧轮廓形状

13 调整亮光带的形状。首先合并轮廓部分和瓶身图层,然后新建一个空白图层,使用"钢笔工具"绘制光带的路径,绘制的形状高度要大于原来光带的形状高度,整体范围覆盖住原来的区域,如图 1-3-24 所示。

图 1-3-24 绘制瓶身亮光带形状路径

将路径转化为选区,按 Shift+F6 组合键打开"羽化选区"命令,将羽化半径设置为 2 像素,如图 1-3-25 所示。将前景色设置为白色,为该选区填充一个从前景到不透明的渐变,如图 1-3-26 所示。

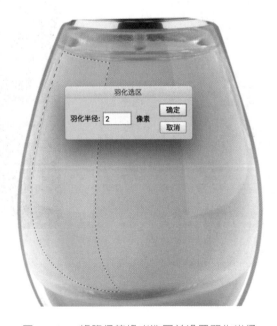

图 1-3-25 将路径转换成选区并设置羽化半径

图 1-3-26　填充光带颜色

14 填充完成后发现光带颜色过亮,这时降低光带图层的不透明度为 64%,如图 1-3-27 所示。然后将光带复制到右侧区域,如图 1-3-28 所示。

图 1-3-27　降低光带图层的不透明度

图 1-3-28　通过复制得到右侧光带

15 接下来修饰瓶底部分。该部分的玻璃内部有一个塑料材质的底托。光线透过底托边缘处产生了炫光,需要进行消除。新建一个空白图层,首先使用"钢笔工具"绘制塑料底托边缘处的路径,如图 1-3-29 所示。

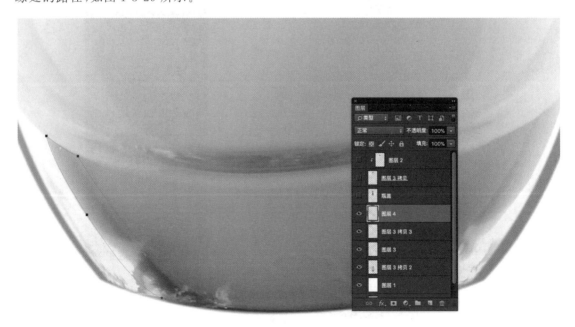

图 1-3-29　绘制底托边缘处的路径

将该路径转换成选区,使用"渐变工具",吸取暗部区域颜色对选区进行填充,如图 1-3-30 所示。

图 1-3-30　将路径转换成选区后填充相近的颜色

填充完成后发现深色右边缺少过渡,这时使用"橡皮擦工具"对右侧部分进行处理,从而达到柔和的效果,如图 1-3-31 所示。

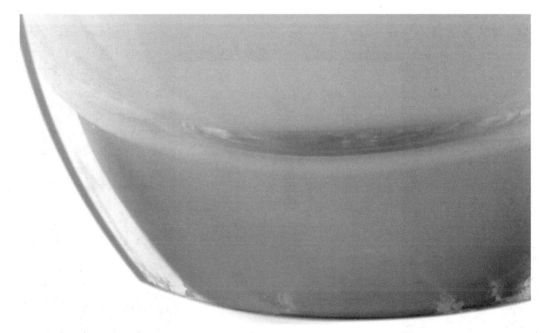

图 1-3-31　使用"橡皮擦工具"对右侧边缘处进行过渡处理

将绘制的灰色区域复制到右侧部分,如图 1-3-32 所示。

图 1-3-32　复制得到右侧灰色区域

16 显示除背景之外的所有图层,按 Ctrl＋Shift＋Alt＋E 组合键,将产品部分盖印成一个图层,如图 1-3-33 所示。显示白色背景图层,在产品图层上方添加一个"曲线"调整图层,对产品整体亮度进行提高,如图 1-3-34 所示。

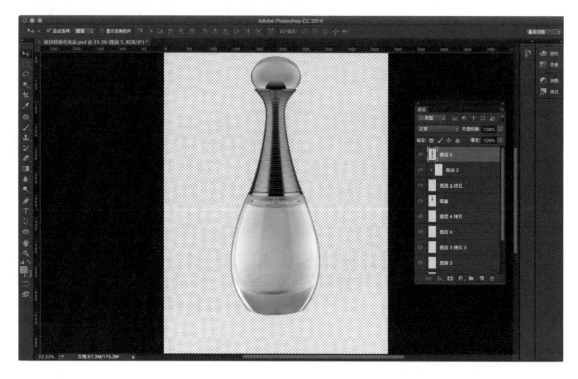

图 1-3-33　将产品部分盖印成一个图层

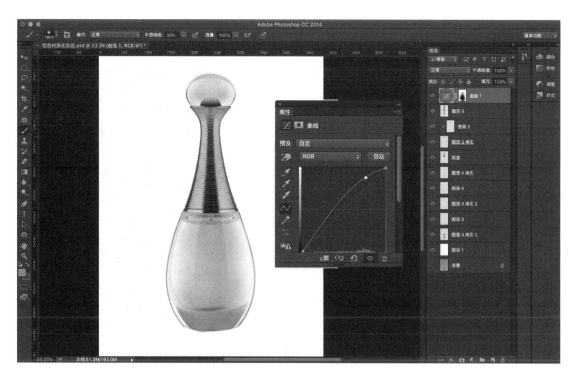

图 1-3-34　添加曲线调整图层

17 选中产品图层,使用"矩形选框工具"选中产品下方区域,如图 1-3-35 所示。按 Ctrl ＋J 组合键,将该区域复制到新的图层。然后按 Ctrl＋T 组合键执行"自由变换"命令,单击右键选择"垂直翻转"命令将复制的区域倒放,如图 1-3-36 所示。

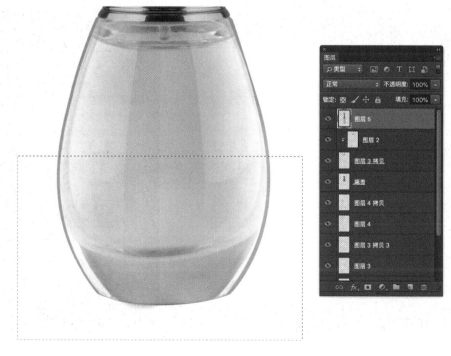

图 1-3-35　选中瓶身下方区域

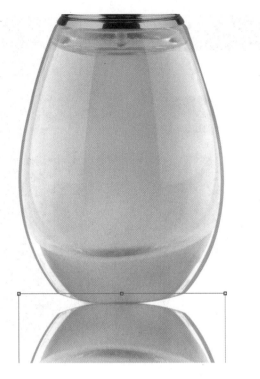

图 1-3-36　复制并垂直翻转瓶底部分

　　降低投影图层的透明度，添加图层蒙版，使用"渐变工具"通过填充黑白渐变的方式使投影产生过渡，如图 1-3-37 所示。

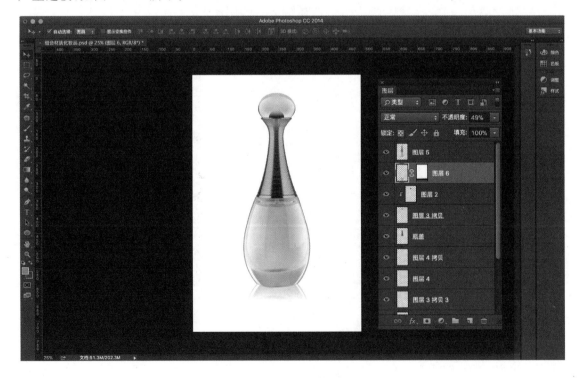

图 1-3-37　对投影进行过渡

修图完成效果如图 1-3-38 所示。

图 1-3-38　修图完成效果

结果检测

（1）组合材质化妆品经过后期修饰,玻璃部分变得透亮,金属部分颜色得到强化。

（2）产品表面的瑕疵得到修复,图片变得整洁。

（3）产品的高光和反光形状变得比较明确,轮廓更加清楚。

知识拓展

（1）组合材质包装产品的主要特点是什么?

（2）如何修整组合材质化妆品暗部和高光的形状?

（3）如果产品的亮部过亮,应当如何处理?

学习任务二
珠宝首饰修图

任务导语 ●●

    在不同类别的商品中,珠宝首饰类产品的拍摄和处理难度较大。如果这类商品的光线效果处理不当,就会使产品的品质大幅度下降,影响产品品相。在后期修图过程中,通过对产品反光部分的修饰和调整可以使产品的视觉形象大大提高,从而使产品具有更好的"卖相"。

任务背景 ●●●

    某公司的淘宝店铺需要上架"时尚假日"的首饰产品。该公司产品的拍摄和后期修图环节在某技师学校电商专业美工工作室完成。

    电商专业美工工作室小李负责该店铺产品图片的修图任务。通过对珠宝首饰产品图片的分析,小李决定利用课堂学习到的反光产品修图方法对该店铺系列产品进行精修。

学习活动 ●●●

    ☆ 学习活动1　翡翠叶子修图

    ☆ 学习活动2　银质耳钉修图

    ☆ 学习活动3　太阳镜修图

学习活动 1　翡翠叶子修图

学习活动描述

　　本学习活动中的产品是一款翡翠挂件,该产品表面光滑,并且具有一定透明度。本任务的重点工作是:消除产品表面瑕疵,强化产品光亮透明的质感,使产品看起来更加精致。

　　本学习活动的主要内容为:根据翡翠的材质特点,完成一款翡翠叶子挂件的修图。翡翠叶子修图预期效果如图 2-1-1 所示。

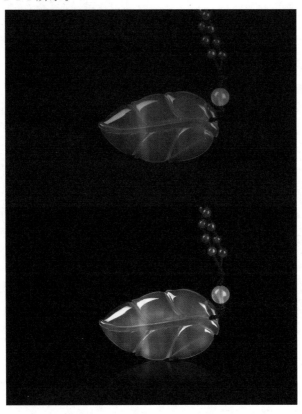

图 2-1-1　翡翠叶子修图案例

学习目标

（1）了解翡翠类产品的特点，掌握该类产品的修图方法。

（2）能对照片拍摄过程中表现不足的部分进行精确调整，并对产品的高光进行修整，提高产品的透明度。

活动实施

1. 任务分析

打开翡翠叶子图片，通过观察可以发现不够理想的地方是：翡翠的质感不够，具体表现在产品明亮度不够，缺少透光的效果。

2. 修图过程

01 在 Photoshop 软件中打开翡翠叶子图片，如图 2-1-2 所示。

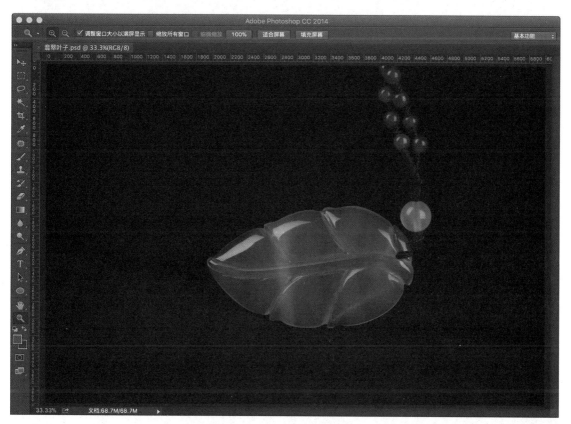

图 2-1-2　打开翡翠叶子图片

02 对产品进行抠图。使用"钢笔工具"绘制翡翠叶子外轮廓的路径，如图 2-1-3 所示。将路径转换为选区之后，按 Ctrl＋J 组合键，将翡翠叶子复制到新的图层中。然后在翡翠叶子图层的下方新建一个空白图层,填充黑色。这样就完成了产品的抠图工作,如图 2-1-4 所示。

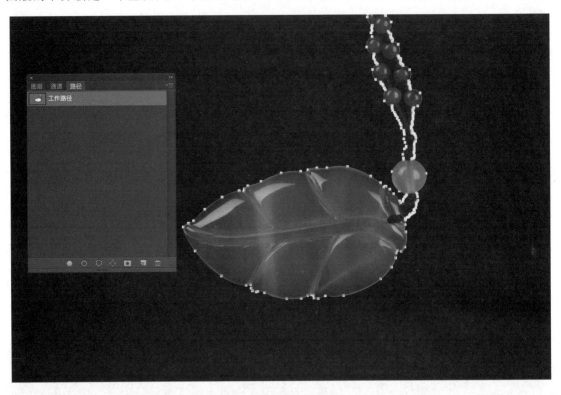

图 2-1-3　绘制产品外轮廓的路径

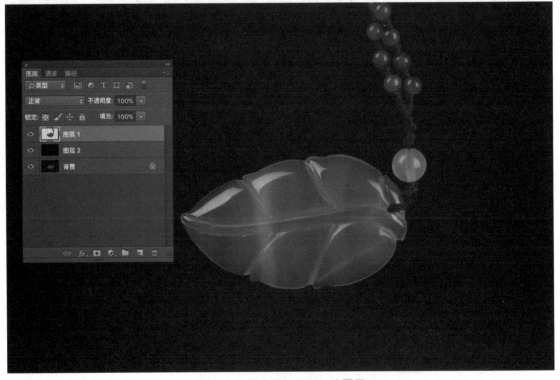

图 2-1-4　将产品复制到新的图层

03 对产品表面瑕疵进行修复。使用"修复画笔工具"对翡翠叶子表面的污点和灰尘进行修复，如图 2-1-5 所示。修复后的效果如图 2-1-6 所示。

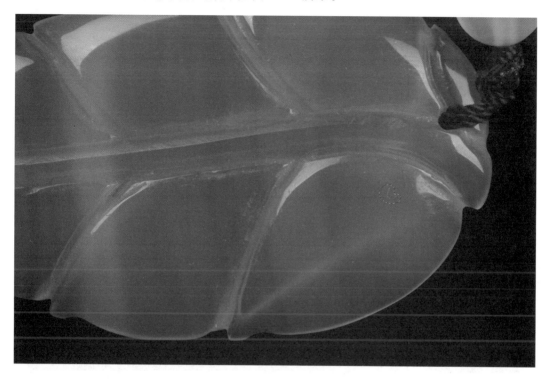

图 2-1-5　修复翡翠叶子表面瑕疵

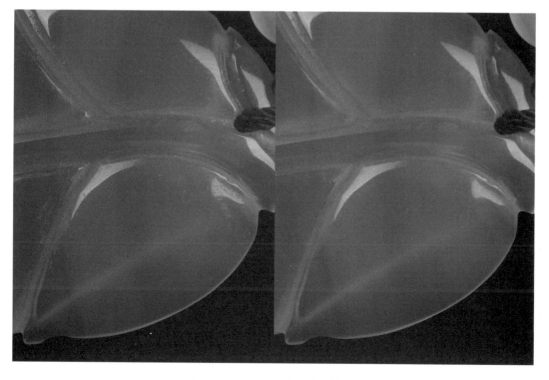

图 2-1-6　消除表面瑕疵前后的效果

04 对翡翠叶子的高光进行强化处理。首先使用"钢笔工具"绘制单个高光路径,如图 2-1-7 所示。路径绘制完成后转换成选区,然后使用"减淡工具"对选区内的高光进行提亮,如图 2-1-8 所示。

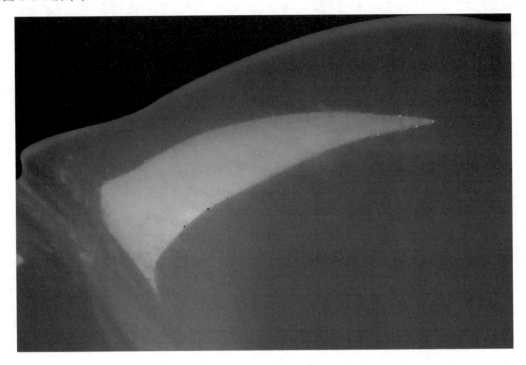

图 2-1-7　绘制单个高光路径

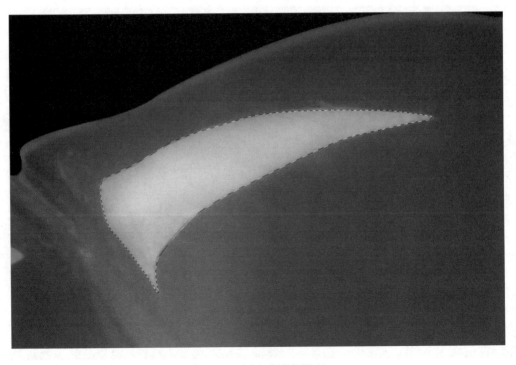

图 2-1-8　对高光进行提亮

使用相同的方法对所有的高光进行提亮,提亮后的效果如图 2-1-9 所示。

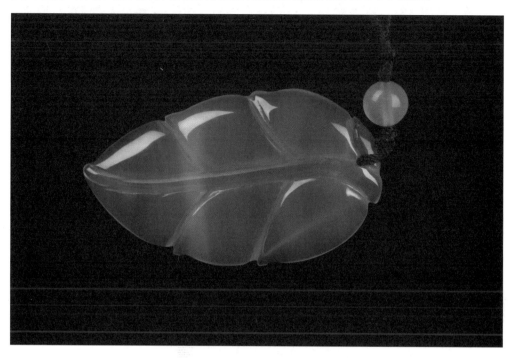

图 2-1-9　对所有高光部分进行提亮

05 增加翡翠叶子透光的质感特征。按 Ctrl＋J 组合键复制一个新的产品图层。对应灯光照射方向的区域(如图 2-1-10 所示),使用"减淡工具",将曝光度调至 15％,对该区域进行提亮,如图 2-1-11 所示。

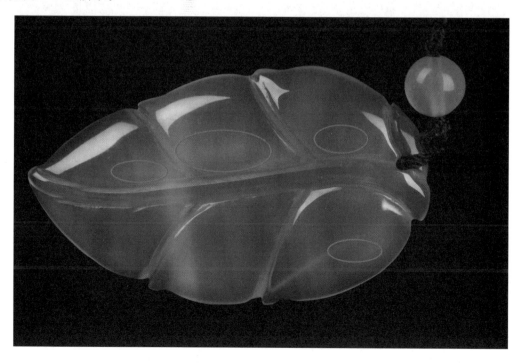

图 2-1-10　需要提亮的透光部分

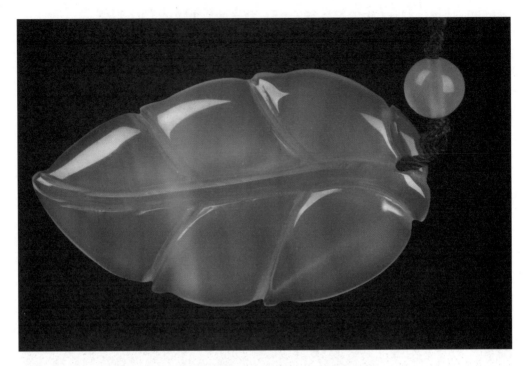

图 2-1-11　提高透光区域亮度后的效果

　　06 继续增加产品的翡翠质感。首先添加一个"色相/饱和度"调整图层,将饱和度的数值设为＋20,如图 2-1-12 所示,这样可以使产品的颜色更加饱和。下面来提高整个产品的亮度。添加一个"色阶"调整图层,将右侧白色箭头向左拉动到合适的位置,如图 2-1-13 所示。

图 2-1-12　增加产品饱和度

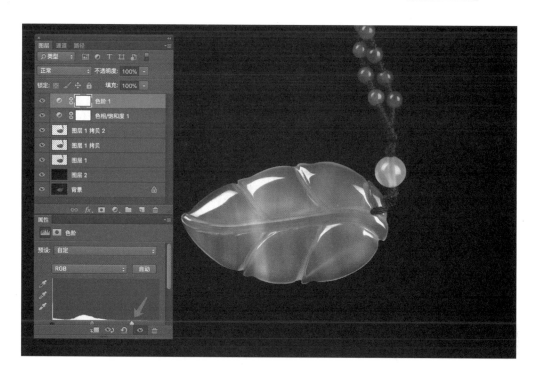

图 2-1-13　提高产品的整体亮度

07 通过对产品进行锐化处理，增强产品雕刻的细节。首先选中除背景之外的图层，按 Ctrl＋Alt＋Shift＋E 键盖印成一个新的图层，执行"滤镜"→"锐化"→"USM 锐化"命令，在面板中将数量设为 30％，半径设为 10 像素，如图 2-1-14 所示。执行完锐化后产品雕刻处的细节得到增强，如图 2-1-15 所示。

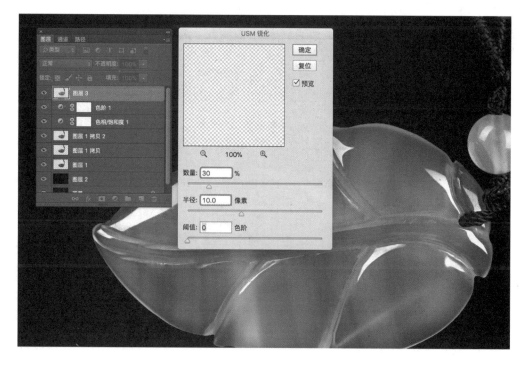

图 2-1-14　对产品进行锐化处理

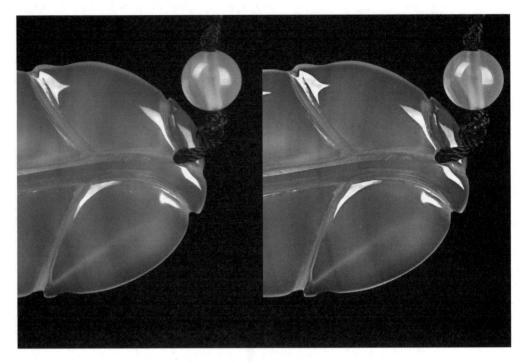

图 2-1-15　产品锐化的前后对比

08 为产品添加投影。选中产品图层,按 Ctrl＋J 组合键复制图层。按 Ctrl＋T 组合键执行"自由变换"命令,单击右键选择"垂直翻转"命令得到投影的形状,如图 2-1-16 所示。接下来调低投影图层的不透明度至 15％,然后为该图层添加蒙版,使用黑白方式填充渐变色,使投影形成过渡,如图 2-1-17 所示。

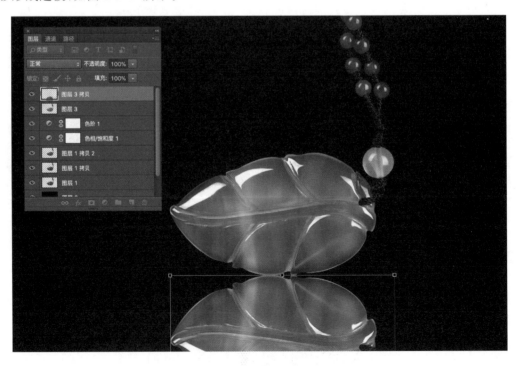

图 2-1-16　复制并反转得到产品投影

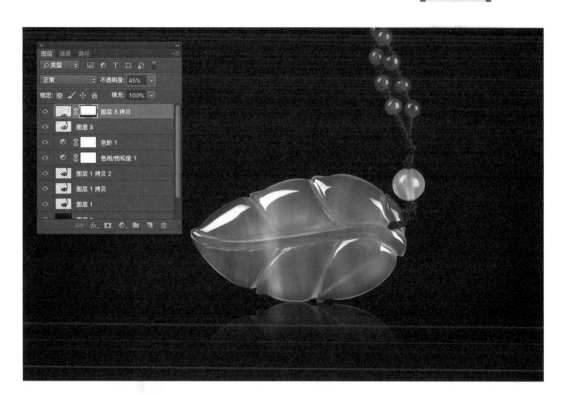

图 2-1-17　降低产品投影的透明度并增加过渡效果

修图完成效果如图 2-1-18 所示。

图 2-1-18　修图完成效果

结果检测

(1) 翡翠叶子经过后期修饰,产品光影关系变得明确。

(2) 翡翠叶子表面的瑕疵得到修复,产品变得整洁。

(3) 产品透光度得到增强,质感得到提升。

知识拓展

(1) 翡翠产品的主要特点是什么?

(2) 如何单独提亮翡翠叶子高光的亮度?

(3) 通过什么方法可以提高产品的透光度?

学习活动 2　银质耳钉修图

 学习活动描述

根据银质首饰的产品特点,完成耳钉等银质产品的修图。

本活动预期效果如图 2-2-1 所示。

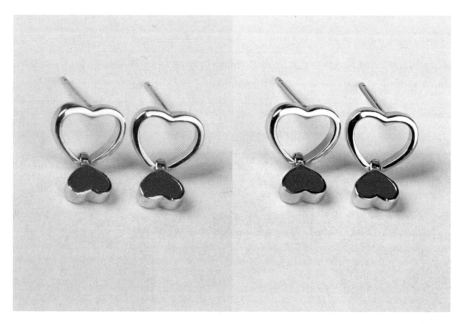

图 2-2-1　银质首饰修图案例

 学习目标

（1）了解银质产品的视觉特点,掌握该类产品的修图方法。

（2）能对照片拍摄过程中表现不足的部分进行精确调整,并对拍摄难以解决的问题（如反光）进行专业化处理。

知识链接

1. 银质首饰产品的特征

银制首饰一般体积较小,在拍摄中需要使用微距镜头来表现其细节。这类首饰一般使用925银铸造并抛光处理,因此表面亮度很高,有很强的反光。在拍摄过程中摄影师通过布光和控制反光的形状来表现产品的质感和造型,但拍摄的产品图片往往还需要进一步修饰,增强产品的光感和锐度,以达到精美的效果。

2. 银质首饰的修图要求

① 产品反光形状明确,产品整体亮度需要提高。
② 产品物体轮廓清晰。
③ 产品表面整洁干净,无瑕疵。

活动实施

1. 任务分析

该图片在拍摄的时候反光形状不够明确,需要借助后期软件调整。另外,产品在拍摄的时候有炫光产生,需要消除。

2. 修图过程

01 在 Photoshop 软件中打开耳钉图片,如图 2-2-2 所示。

图 2-2-2　打开耳钉图片

02 在拍摄时为了保留更多的场景，耳钉在画面中的比例变得很小。使用"裁切工具"对产品进行裁切，素材效果如图 2-2-3 所示。

图 2-2-3　使用裁切工具重新构图

03 这张图片的亮度和对比度都不够，按 Ctrl＋Shift＋L 组合键，执行"自动色阶"命令，增强亮度和对比度。执行完命令后发现，图片的色温也得到了很好的改善，效果如图 2-2-4 所示。

图 2-2-4　使用"自动色阶"命令改变图片的亮度和对比度

04 开始修复产品的主体部分，该产品在拍摄过程中的问题如图 2-2-5 所示。

① 产品重要结构处的轮廓不够清楚。

② 产品的反光面不够光滑。

③ 产品的高光形状不够理想。

④ 产品表面有污点和瑕疵。

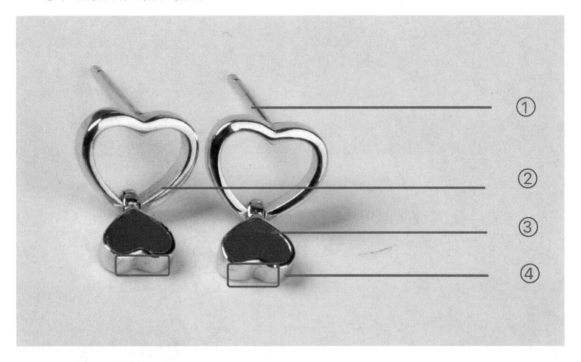

图 2-2-5　产品主体需要修饰的部分

　　放大产品,使用"修补工具"对红色小吊坠的前侧部分进行修饰,去掉明显的污点部分,如图 2-2-6。

图 2-2-6　修掉污点和瑕疵部分

　　05 尽管瑕疵已经去掉了,但是这部分的结构还不够光滑,需要用"钢笔工具"绘制形状后进行填色。填色的时候需要设置渐变填充,用"吸管工具"吸取侧面的颜色作为前景色,使用"前景色到透明"的填充方式进行填充,效果如图 2-2-7 所示。

　　06 绘制耳钉尾部的路径。使用"钢笔工具"沿着轮廓侧面形状进行绘制,绘制完成后转换成选区,然后选择适当的灰色作为前景色,使用"前景色到透明渐变"的方式填色,如图 2-2-8 所示。绘制完成的效果如图 2-2-9 所示。

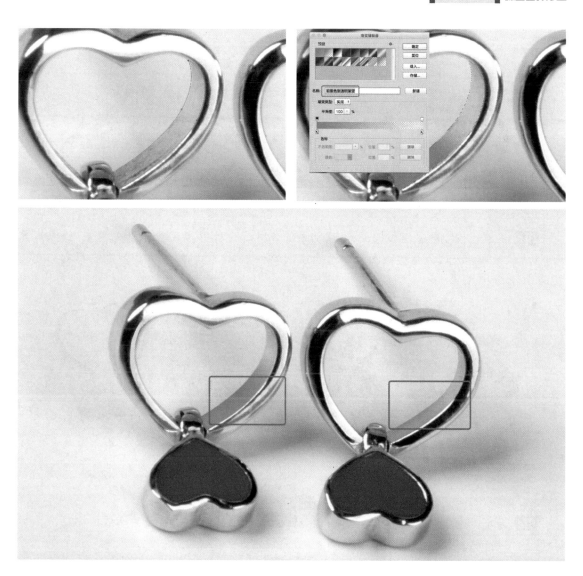

图 2-2-7 绘制桃心内侧形状并填充颜色

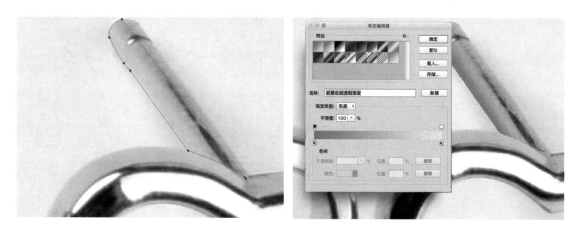

图 2-2-8 绘制尾部形状并填充颜色

图 2-2-9　耳钉轮廓绘制后的效果

07 为红色桃心的表面添加反光,增加该部分材质的明亮感。使用"钢笔工具"绘制反光形状,为该区域填充白色并将该图层的透明度调整到 15%,使用蒙版方式使高光具有渐变效果,如图 2-2-10 所示。

图 2-2-10　增加红色材质的反光效果

08 按 Ctrl+Alt+Shift+E 组合键,将产品盖印成一个新图层,在盖印后的图层上执行 USM 锐化,将锐化的半径设置为 10 个像素,数量设置为 10%,如图 2-2-11 所示。这一处理使耳钉的整体轮廓更加清晰,同时增加了产品的质感。

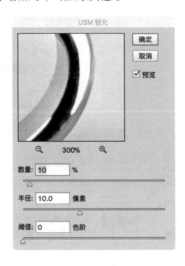

图 2-2-11　设置锐化效果

修图完成效果如图 2-2-12 所示。

图 2-2-12　修图完成效果

结果检测

（1）银质耳钉图片经过后期修饰，产品表面变得明亮、光滑。

（2）产品表面的瑕疵得到修复，图片变得整洁。

（3）产品的高光和反光形状变得比较明确，轮廓更加清楚。

知识拓展

（1）银质产品的主要特点是什么？

（2）如何改善反光形状不规则的问题？

（3）对其他的时尚银饰产品图片进行精修。

学习活动 3　太阳镜修图

学习活动描述

根据太阳镜的产品特点，完成一款女士太阳镜的修图。

本活动的预期效果如图 2-3-1 所示。

图 2-3-1　太阳镜修图案例

学习目标

（1）了解太阳镜类产品的视觉特点，掌握该类产品的修图方法。

（2）能对照片拍摄过程中表现不足的部分进行精确调整，通过绘制高光增加产品质感。

知识链接

1. 太阳镜类产品的特征

太阳镜产品重点表现镜片的质感和颜色，镜片既要表现出透光性，又要还原镜片原本的颜色。在拍摄过程中，由于镜片的透光性，镜片上的灰尘和划痕会更加明显。另外，需要明确太阳镜的高光，消除杂乱的光线。在镜架部分，需要用明确的高光形状塑造其质感。

2. 太阳镜的修图要求

① 镜片要表现出透光性，高光明确。

② 镜架颜色准确，质感突出。

③ 产品表面整洁干净，无瑕疵。

活动实施

1. 任务分析

打开太阳镜产品图片，观察产品在拍摄过程中存在的不足之处。

① 在拍摄过程中，由于手部和产品的接触导致产品上有不少手印和污点。

② 为了消除太阳镜片上的条状光带（光带会破坏镜片的色彩），摄影师采用了聚光灯拍摄的方法，因此产品的轮廓处没有明显的高光，导致太阳镜框的质感不够。

③ 产品的亮度不够，需要后期进行提亮。

④ 产品镜片部分的透光度不够，需要后期进行处理。

2. 修图过程

01 对产品进行抠图处理。

由于太阳镜片的轮廓比较清晰，同时背景接近纯白色，使用"魔棒工具"可以快速将背景变成选区，如图 2-3-2 所示。

图 2-3-2　将产品背景部分变成选区

　　按 Ctrl＋I 组合键,将选区反选。然后按 Ctrl＋J 组合键,将太阳镜部分复制到新的图层中,如图 2-3-3 所示。

图 2-3-3　将产品复制到新图层中

新建一个空白图层并填充纯白色,将该图层放在太阳镜图层的下面,如图 2-3-4 所示。这样就完成了产品抠图工作。

图 2-3-4　填充白色背景

02 放大太阳镜部分发现上面有很多划痕和污点,执行"滤镜"→"杂色"→"蒙尘与划痕"命令,将太阳镜镜框和镜片上的杂色消除,效果如图 2-3-5 所示。

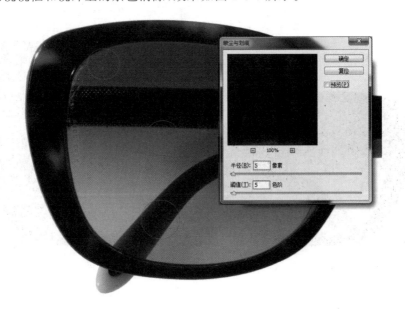

图 2-3-5　使用"蒙尘与划痕"命令消除划痕和污点

执行完后发现一些比较大的划痕并没有被消除。这时使用"修补工具"对该部分进行修复处理,如图 2-3-6 所示。

图 2-3-6 使用"修补工具"消除较大的污点

03 调整产品的亮度。创建一个"曲线"调整图层,将产品的亮部进行提亮,效果如图 2-3-7 所示。

图 2-3-7 使用"曲线"调整图层提高产品的亮度

04 为镜框添加高光部分。创建一个新的空白图层,使用"钢笔工具"绘制太阳镜镜框高光的路径,并转换成选区,如图 2-3-8 所示。在空的图层上填充纯白色,这时发现颜色有些过亮,通过降低白色图层透明度的方式降低高光的亮度,如图 2-3-9 所示。

图 2-3-8　绘制镜框高光部分的路径并转换成选区

图 2-3-9　填充并调整镜框高光区域的颜色

　　下面将绘制完的高光颜色复制到太阳镜框的右侧,如图 2-3-10 所示。用相同的方法绘制镜框内侧的细小高光,如图 2-3-11 所示。

图 2-3-10　复制出右侧的高光部分

图 2-3-11 绘制镜框内侧的细小高光

05 高光绘制完成后再来消除太阳镜框上的人影。该部分通过绘制形状并填充周围颜色的方式进行消除，如图 2-3-12 所示。

 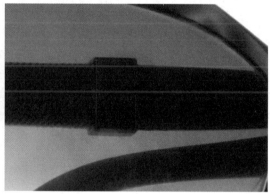

图 2-3-12 绘制镜架局部路径并填充颜色

06 为太阳镜镜片增加光感。首先使用"钢笔工具"绘制并填充镜片顶端的高光（方法与镜框的高光绘制相同），如图 2-3-13 所示。

图 2-3-13 绘制镜片顶端的高光

接下来绘制透过镜片的灯光效果。新建一个空白图层，填充黑色。为了能看清效果，将该图层的透明度调到 50％。为该图层添加一个"光照"滤镜，调整光照的角度至合适的位置，如

图 2-3-14 所示。

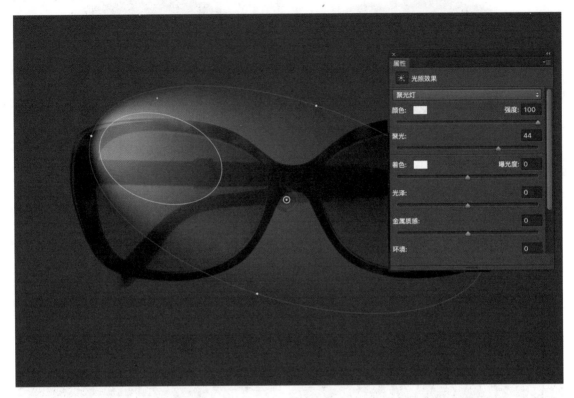

图 2-3-14　为镜片添加"光照"滤镜

完成后将图层的模式调整为"滤色",如图 2-3-15 所示。

图 2-3-15　调整光照图层模式为"滤色"后得到光照效果

07 为该产品添加投影效果。按住 Ctrl 键,单击太阳镜部分的图层缩略图将其变成选区。按 Shit＋F6 组合键,将羽化半径设置为 30 像素,如图 2-3-16 所示。

图 2-3-16　创建整个产品的选区

在太阳镜图层的下方新建一个空白图层,使用从"前景色到透明渐变"的方式填充投影的颜色,如图 2-3-17 所示。填充完成后使用"自由变换"命令调整投影的角度。

图 2-3-17　绘制投影形状并填充颜色

将投影图层的不透明度调到 30%,就得到了柔和的投影。接下来将所有图层盖印成一个图层,对产品进行锐化处理。锐化方式参考学习任务二学习活动 2 银质耳钉修图。修图完成效果如图 2-3-18 所示。

图 2-3-18　修图完成效果

结果检测

（1）太阳镜产品图片经过后期修饰，产品镜片变得透亮，有光泽感。

（2）产品表面的瑕疵得到修复，图片变得整洁。

（3）镜框的高光和反光形状变得比较明确，材质和颜色更接近真实。

知识拓展

（1）如何提高眼镜类产品的透光感？

（2）如何消除产品划痕部分？

（3）对其他款太阳镜图片进行精修。

学习任务三
食品和饮料修图

任务导语 ●●

在电商平台销售的不同类别的商品中,食品和饮料是最为常见的一个类别。食品和饮料作为产品除了需要散状的图片之外,还需要拍摄不同的包装形态。食品包装一般有袋装、盒装、罐装等,饮料包装一般为透明塑料或者玻璃包装。食品和饮料的图片要求颜色真实、包装精致,在相关的场景中视觉突出,颜色诱人。

任务背景 ●●

某公司的淘宝店铺需要上架食品和饮料类产品。该公司的产品拍摄和后期修图环节在某技师学校电商专业美工工作室完成。

电商专业美工工作室小李负责该店铺产品图片的修图任务。通过对食品特征的分析,小李决定利用课堂学习到的食品和饮料的修图方法对该店铺系列产品进行精修。

学习活动 ●●

☆ 学习活动1　面包修图

☆ 学习活动2　瓶装咖啡修图

☆ 学习活动3　葡萄酒修图

学习活动 1 面包修图

学习活动描述

　　本学习活动中的产品是一款面包,该产品是带场景的产品图。面包是漫反射物体,所以拍摄时不容易拍亮。另外,面包颜色不够艳丽。因此本任务的重点工作就是提高画面的亮度和对比度,改善产品的颜色和质感,使产品看起来更加明亮、让人有食欲。

　　本学习活动的主要内容为:根据漫反射材质特点,完成一款带场景的面包修图。面包修图预期效果如图 3-1-1 所示。

图 3-1-1　面包修图案例

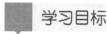

学习目标

（1）了解面包等漫反射产品的特点,掌握该类产品的修图方法。

（2）能对照片拍摄过程中表现不足的部分进行改善,并对产品的颜色进行调整,增强产品的质感。

知识链接

1. 食品图片的特征

食品在拍摄前一般需要精心摆放,需要借助精致的桌布、盘子、刀叉等相关元素营造氛围,增加主产品的说服力。

一般来说,红色、黄色等暖色最易引起食欲;而蓝色、紫色等颜色使人联想到化工产品,在美食图片中较少使用。此外,摄影师经常利用反光板的金色面反光制造出暖色调画面。

食品图片一般要求锐度要高,以反映出食物本身的质感。

2. 食品的修图要求

① 画面整体色调以明亮为主,主产品有明显的光影变化,修图时不破坏原始的光影氛围。

② 产品颜色以暖色调为主,整体颜色饱和度高,但主产品不能偏离真实食物的色相。

③ 图片整体锐度高,产品表面肌理明显。

④ 图片裁切合理,重点内容突出。

活动实施

1. 任务分析

打开面包图片,通过观察可以发现不够理想的地方是面包的明暗对比不够,颜色不够鲜艳,质感不够。

2. 修图过程

01 在 Photoshop 软件中打开面包图片,如图 3-1-2 所示。

图 3-1-2　打开面包图片

02 增加产品的亮度和对比度。按 Ctrl＋J 组合键复制一个新的图层,将该图层颜色模式设为"柔光",如图 3-1-3 所示。

图 3-1-3　复制背景图层并设置"柔光"模式

这时发现产品的对比度变强了,但是图片亮度不够,暗部颜色偏黑。按 Ctrl+L 组合键打开"色阶"命令,将"高光输入色阶"数值设为 90,如图 3-1-4 所示。

图 3-1-4　通过色阶提高亮部颜色

处理后发现图片的光线亮度已经正常。

03　由于暗部颜色过暗损失了细节。新建一个空白图层,将图层模式设为"柔光",如图 3-1-5 所示。

图 3-1-5　新建一个模式为"柔光"的空白图层

使用"画笔工具",选择白色,在该图层上对暗部区域进行涂抹,如图 3-1-6 所示。对面包豆沙馅部分进行相同的处理,处理后发现该部分颜色得到改善,如图 3-1-7 所示。

图 3-1-6　对暗部区域使用白色涂抹提亮

图 3-1-7　对面包豆沙馅部分进行提亮

04 增加面包表面椰蓉的亮度。按 Ctrl＋Alt＋2 组合键将图片的亮部变成选区,如图 3-1-8 所示。按 Ctrl＋J 组合键将该选区复制到新的图层。

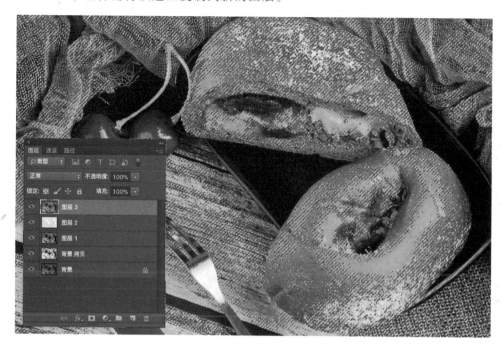

图 3-1-8 选中产品高光部分

按 Ctrl＋L 组合键打开"色阶"面板。将中间色调"输入色阶"的数值设为 0.8,将高光"输入色阶"的数值设为 196,如图 3-1-9 所示。这样画面中白色椰蓉的部分就变得非常亮,如图 3-1-10 所示。

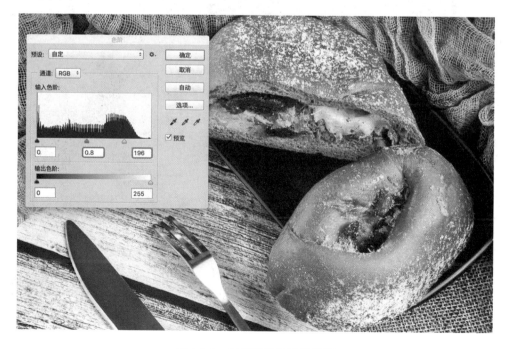

图 3-1-9 对高光部分进行提亮

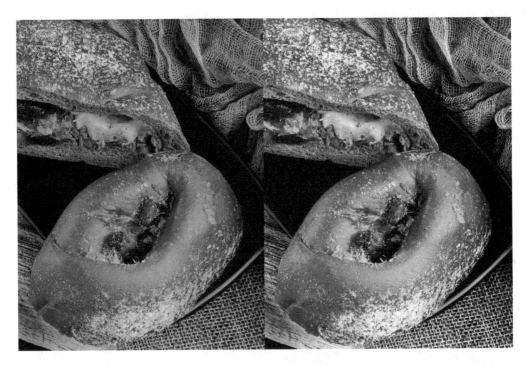

图 3-1-10 对高光部分提亮前后对比

05 调整面包的颜色。按 Ctrl＋Alt＋Shift＋E 组合键盖印一个新的图层，添加一个"色彩平衡"的调整图层，将"洋红"与"绿色"之间的数值设为－11，如图 3-1-11 所示。在该图层的蒙版处使用黑色对刀叉部分进行涂抹，以排除该区域。

图 3-1-11 通过"色彩平衡"将面包颜色变暖

再创建一个"可选颜色"的调整图层,将"黑色"数值设为一17,如图3-1-12所示,这一调整使得面包的颜色不会过黑。

图3-1-12　通过"可选颜色"将红色变浅

06 对产品进行锐化处理,增加质感。按 Ctrl＋Alt＋Shift＋E 组合键盖印一个新的图层。执行"滤镜"→"锐化"→"USM 锐化"命令,将数量设为 90％,半径设为 0.6 像素,如图3-1-13所示。锐化前后效果对比如图 3-1-14 所示。

图3-1-13　通过锐化增加产品的质感

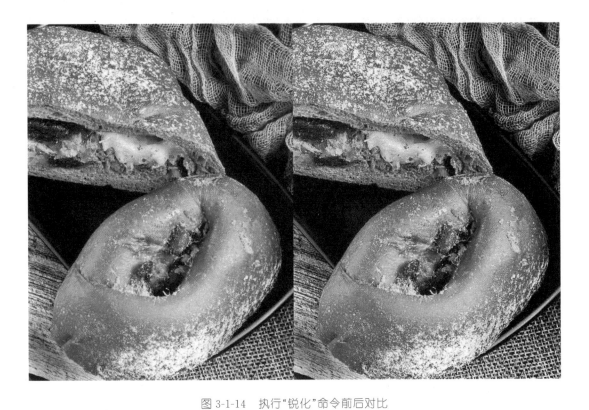

图 3-1-14　执行"锐化"命令前后对比

07 改善不锈钢刀叉的质感。使用"钢笔工具"绘制叉子正面的路径，如图 3-1-15 所示。

图 3-1-15　绘制叉子正面的路径

　　将路径转换成选区后,选择"画笔工具",将不透明度设为40%,吸取叉子上的灰色对正面进行涂抹,注意受光面要略亮,如图3-1-16所示。

图3-1-16　在选区内绘制叉子正面颜色

　　08 增加叉子侧面的高光。先绘制高光路径并转成选区,同样使用"画笔工具"进行填色,如图3-1-17所示。用相同的方法对刀子的正面和刀刃进行涂抹处理,如图3-1-18所示。

图3-1-17　绘制叉子侧面高光

图 3-1-18　绘制刀子正面和刀刃的颜色

修图完成效果如图 3-1-19 所示。

图 3-1-19　修图完成效果

结果检测

（1）经过后期修饰，面包产品变得颜色亮丽。

（2）整个图片的质感得到提升，图片清晰度得到改善。

（3）刀叉等反光材质道具的光影得到改善。

知识拓展

（1）食品类产品的修图要求有哪些？

（2）调整食品类图片光线需要遵循哪些原则？

（3）为一款带场景的饼干零食进行修图。

学习活动2　瓶装咖啡修图

学习活动描述

根据透明瓶装产品的特点,完成一款咖啡的修图。案例如图 3-2-1 所示。

图 3-2-1　瓶装咖啡修图案例

学习目标

(1) 了解透明瓶装产品的视觉特点,掌握该类产品的修图方法。
(2) 能根据咖啡的整体特征,对拍摄图片进行专业的美化处理。

知识链接

1. 透明瓶装产品的特点

透明瓶装产品一般会有专门设计的盖子,瓶身部分除了商标外一般为透明度较高的玻璃,消费者可以清楚地看到瓶内的产品形态。该类产品在拍摄的时候容易出现产品不够水平和垂直、玻璃处反光过亮、轮廓不清晰等问题,需要通过后期修饰逐项改善。

2. 透明瓶装产品的修图要求

① 产品横平竖直,无透视变形。

② 产品轮廓清晰。

③ 透明部分反光合理,可以看清内部产品细节。

活动实施

1. 任务分析

该图片在拍摄的时候反光形状不够明确,需要后期借助软件调整。另外,产品在拍摄的时候有炫光,需要消除。

2. 修图过程

01 在 Photoshop 软件中打开瓶装咖啡图片,如图 3-2-2 所示。

图 3-2-2 打开瓶装咖啡图片

02 对产品进行抠图处理。使用"钢笔工具"分别绘制瓶盖和瓶身的路径,如图 3-2-3 所示。注意,绘制瓶身的路径时顶部要高出一部分,效果如图 3-2-4 所示。

图 3-2-3　分别绘制瓶身和瓶盖部分

图 3-2-4　瓶身路径要高出一部分

03 将路径转化成选区后,按 Ctrl+J 组合键将瓶盖和瓶身分别放在新的图层中,注意要将瓶盖图层放在瓶身图层的上层,如图 3-2-5 所示。

图 3-2-5　将瓶盖和瓶身分别放在不同的图层中

04 为了方便观察产品的边缘部分，在瓶身图层下方创建一个新图层并填充蓝色，如图 3-2-6 所示。

图 3-2-6　填充蓝色背景

我们发现产品并不在画面中间,这时拖出参考线,参考线可以自动吸附到画面的正中间。接下来移动瓶盖和瓶身的图层,使其对齐到中间参考线处,如图 3-2-7 所示。

图 3-2-7　将产品移动到画面中间

05　矫正产品的形体部分。拖出产品两侧的参考线,对齐到瓶体主体的边缘处,暂时不考虑瓶底透明玻璃部分,如图 3-2-8 所示。

图 3-2-8　拖出产品两侧参考线

选中瓶盖图层,按 Ctrl+T 组合键对瓶盖进行变形操作,按住 Ctrl 键拖动左上角的锚点,使瓶盖的顶点对齐到参考线上,如图 3-2-9 所示。

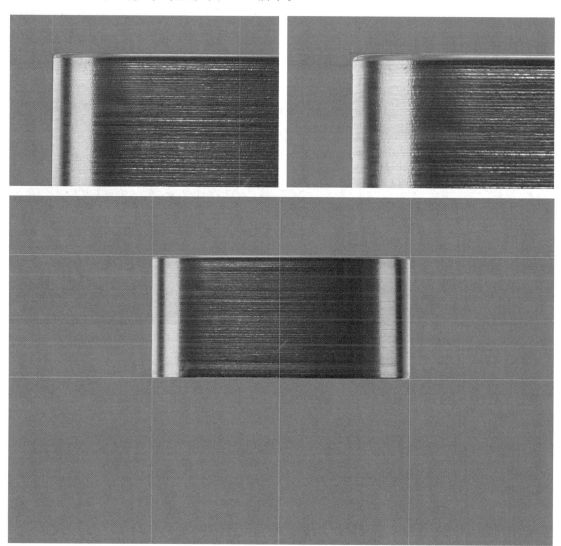

图 3-2-9　使瓶盖对齐参考线

06 为了让瓶盖的边缘更加清晰,需要消除瓶盖两侧边缘处的反光。使用"矩形选框工具"选择瓶盖左侧的发亮区域,按 Shift+F6 组合键,将羽化半径设置为 2 像素,如图 3-2-10 所示。按 Ctrl+J 组合键,将该区域复制为新的图层。

图 3-2-10　选择左侧边缘外的亮部区域

　　双击该图层设置图层样式，添加内发光效果，颜色设置为瓶盖暗部的深褐色（可以使用吸管吸取暗部的颜色），混合模式为"变暗"。通过调整"堵塞"和"大小"的数值使该区域颜色变为深色，如图 3-2-11 所示。

图 3-2-11　通过调整图层样式将侧面变暗

使用同样的方法对瓶盖的右侧区域进行调整,效果如图 3-2-12 所示。

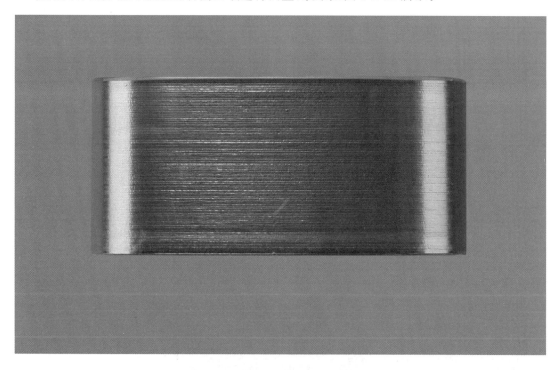

图 3-2-12　瓶盖两侧调整完成的效果

07 处理瓶身部分。使用"矩形选框工具"选择瓶身参考线之外的区域,并将其删除,如图 3-2-13 所示。

图 3-2-13　选择并删除参考线之外的瓶身区域

继续使用"矩形选框工具"沿参考线绘制选区。需要注意的是,由于瓶身商标底部是曲线,所以需要按住 Shift 键并使用"椭圆选框工具"增加选区的面积,使底部选区的形状跟商标的弧度一致,如图 3-2-14 所示。

图 3-2-14　绘制瓶身侧面轮廓形状选区

新建一个空白图层,使用"渐变工具",选择合适的颜色作为前景色,使用"前景色到透明"的填充方式对绘制好的选区部分进行填色,如图 3-2-15 所示。

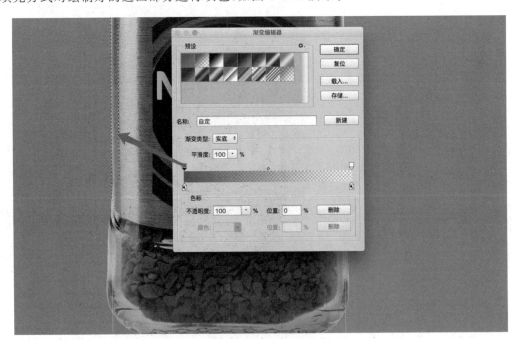

图 3-2-15　为瓶身侧面部分填色

使用同样的方法对瓶身的右侧边缘处填色,完成后的效果如图 3-2-16 所示。

图 3-2-16　瓶身两个侧面完成填色

08 瓶身上部透明玻璃处的反光影响轮廓形状,需要将其消除。在瓶身图层的上方新建一个空白图层,按住 Alt 键单击该图层和下方图层的中间处,使其变成剪切蒙版,这样在绘制颜色的时候就可以将颜色控制在瓶身形状范围之内,如图 3-2-17 所示。使用"画笔工具"并选用周围的颜色对白色反光区域进行涂抹,直到反光部分变成深色,如图 3-2-18 所示。

图 3-2-17　新建剪切蒙版图层

图 3-2-18   消除瓶身上部反光

09 调整瓶身底部。首先将底部玻璃上的反光消除。在瓶身上方新建一个空白图层,将图层模式设为"柔光",图层的不透明度设为 40%。按住 Alt 键单击该图层和下方图层中间处,使其变成瓶身图层的剪切蒙版。使用"渐变工具"在该图层上填充一个从黑色到不透明的渐变,如图 3-2-19 所示。

图 3-2-19   调整瓶身底部

10 瓶身底部的透明处反光不够明显,需要重新绘制反光形状。使用"钢笔工具"绘制反光的路径,绘制完成后转化为选区,如图 3-2-20 所示。

图 3-2-20 通过绘制路径得到反光选区

新建一个空白图层,将该选区填充亮灰色,如图 3-2-21 所示。填充后的反光看上去太硬,缺乏过渡。这时使用蒙版的方式对其进行遮挡,形成过渡效果,如图 3-2-22 所示。

图 3-2-21 填充反光颜色

图 3-2-22　使用蒙版的方式使反光产生过渡

11 将蓝色背景改为白色，如图 3-2-23 所示。

图 3-2-23　将背景图层改为白色

接下来为该产品添加投影效果。先隐藏白色背景图层，选中最上方图层，按 Ctrl＋Shift＋

Alt＋E 组合键,将产品部分盖印一个新图层,如图 3-2-24 所示。

图 3-2-24　将产品部分复制到新的图层

使用"矩形选框工具"选中瓶身底部区域,按 Ctrl＋J 组合键将该区域复制到新的图层中。按 Ctrl＋T 组合键执行"自由变换"命令,将该区域进行垂直翻转。降低该图层的透明度,通过前面操作步骤中添加图层蒙版的方法使其具有渐变的效果,如图 3-2-25 所示。

图 3-2-25　创建产品投影

12 调整图片的整体亮度。添加一个"曲线"调整图层,在属性面板中将亮部位置的锚点向上拉动,使产品整体变亮,如图 3-2-26 所示。

图 3-2-26　调整产品亮度

最后提高产品整体清晰度。执行"滤镜"→"锐化"→"USM 锐化"命令,将数量设为 90%,半径设为 0.6 像素,如图 3-2-27 所示。

图 3-2-27　通过锐化增加产品的质感

修图完成效果如图 3-2-28 所示。

图 3-2-28　修图完成效果

结果检测

（1）经过后期修饰，瓶装咖啡产品形体得到矫正。

（2）产品表面的瑕疵得到修复，图片变得整洁。

（3）产品玻璃部分质感更加明显，轮廓更加清楚。

知识拓展

（1）透明瓶装产品的主要特点是什么？

（2）使用什么方法消除玻璃反光比较快速有效？

（3）尝试对其他瓶装饮料产品图片进行精修。

学习活动 3　葡萄酒修图

学习活动描述

　　本学习活动中的产品是一款葡萄酒,该产品属于低透明度镜面材质,在拍摄时除了两侧的灯光外还在正面加了一盏灯,用来照亮产品商标部分,酒瓶正面产生的高光需要消除。另外,两侧高光的亮度和形状都需要进行调整处理。

　　本学习活动的主要内容为:根据低透明度镜面材质的特点,完成一款葡萄酒产品的修图。葡萄酒修图预期效果如图 3-3-1 所示。

图 3-3-1　葡萄酒修图案例

学习目标

（1）了解葡萄酒等低透明度镜面产品的特点，掌握该类产品的修图方法。

（2）能对照片拍摄过程中表现不足的部分进行改善，并对产品的光影进行整理，增加产品的质感。

知识链接

1. 葡萄酒产品的特征

葡萄酒酒瓶分为镜面和磨砂两种质感。镜面玻璃酒瓶的高光形状明确，明暗对比强烈。磨砂玻璃酒瓶的高光形状模糊，光线过渡柔和。镜面酒瓶一般具备流畅的高光形状，辅光形状和高光基本相同，但亮度要低于主光。这样的图片看上去主次明确，且立体感强。

葡萄酒酒瓶一般是深色，具有较低的透明度，因此在拍摄的时候需要让一部分光线透过瓶体。如果拍摄时透光表现不够，需要后期加强。

葡萄酒的商标部分和瓶体材质不同，需要表现出均匀柔和的光线效果。大部分精修的葡萄酒商标是通过贴图的方式添加上去的。

2. 葡萄酒的修图要求

① 产品外形与水平线和垂直线相匹配。

② 产品高光形状明确，细节处要清楚。

③ 产品有透光效果，立体感强。

④ 商标字体清晰，光影关系和瓶体一致。

活动实施

1. 任务分析

打开葡萄酒图片，通过观察可以发现不够理想的地方是：葡萄酒正面有多余高光，两侧高光平均，缺少主次之分，商标不够亮。

2. 修图过程

01 在 Photoshop 软件中打开葡萄酒图片，如图 3-3-2 所示。

图 3-3-2　打开葡萄酒图片

02 对产品进行抠图处理。分瓶身、商标、瓶口三个路径进行绘制,如图 3-3-3 所示。

图 3-3-3　分结构绘制产品路径

将绘制好的路径转换成选区,按 Ctrl+J 组合键把这三个部分按顺序放在不同的图层中。新建一个空白图层,填充白色,移动到三个产品结构图层下方当作背景,如图 3-3-4 所示。

图 3-3-4　创建白色背景图层

03 对产品进行形体矫正。拖出两条参考线,对齐到瓶身的最边缘处,如图 3-3-5 所示。按 Ctrl+T 组合键执行"自由变换"命令。按住 Alt 键拖动锚点,使产品的外轮廓对准参考线,如图 3-3-6 所示。

图 3-3-5　拖出参考线

图 3-3-6　让瓶身的边缘与参考线对齐

04 对瓶身进行处理。使用"修补工具"消除瓶身正面多余的高光,如图 3-3-7 所示。完成的效果如图 3-3-8 所示。

图 3-3-7　使用"修补工具"消除正面高光

图 3-3-8　瓶身正面高光消除后的效果

　　在瓶身图层上方新建一个空白图层，按住 Alt 键单击该图层和下方图层的中间处，使其变成瓶身图层的剪切蒙版。使用"画笔工具"对瓶身两侧的反光进行涂抹覆盖，如图 3-3-9 所示。完成的效果如图 3-3-10 所示。

图 3-3-9　对瓶身两侧反光进行覆盖处理

图 3-3-10　瓶身两侧反光消除后的效果

　　将绘制完成的图层与瓶身图层合并,并继续创建一个空白图层,将图层模式设为"柔光"。按住 Alt 键单击该图层和下方图层的中间处,使其变成下一图层的剪切蒙版。使用"画笔工具"选择深色对瓶身底部的反光进行压暗处理,如图 3-3-11 所示。

图 3-3-11　压暗瓶身底部反光

05 对瓶身的高光进行处理。绘制左侧高光的路径,如图 3-3-12 所示。将路径转换成选区,并设置羽化半径为 1 像素,如图所 3-3-13 示。

图 3-3-12　绘制左侧高光的路径

图 3-3-13　将高光路径转换成选区

新建一个空白图层,填充白色,如图所 3-3-14 示,这样就完成了左侧高光的处理。

图 3-3-14 填充左侧高光颜色

下面来制作右侧高光。使用"修补工具"消除瓶身右侧的高光,如图 3-3-15 所示。

图 3-3-15 消除右侧高光

复制左侧的高光,按 Ctrl+T 组合键执行"自由变换"命令。将高光水平翻转,然后放置到合适的位置,如图 3-3-16 所示。

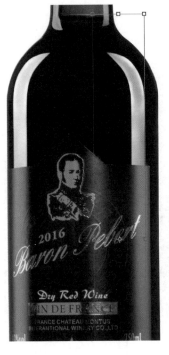

图 3-3-16　复制得到右侧高光

调整该图层的不透明度至 55%,将右侧高光亮度减小,如图 3-3-17 所示。

图 3-3-17　降低右侧高光亮度

06 对瓶颈的高光进行相同的处理,如图 3-3-18 所示。

图 3-3-18　改善瓶颈处的高光

07 修饰商标部分。使用"矩形选框工具"选中商标中间的亮光区域,按 Shift+F6 组合键,设置羽化半径为 30 像素,如图 3-3-19 所示。

图 3-3-19　创建商标正面高光选区

新建一个空白图层,将图层模式设为"柔光",然后对选区填充黑色,如图 3-3-20 所示。

图 3-3-20　对商标正面高光进行压暗处理

使用"橡皮擦工具"对商标的金色区域进行擦涂,如图 3-3-21 所示。

图 3-3-21　对商标金色部分进行擦涂

选中商标图层,按 Ctrl＋U 组合键打开"色相/饱和度"命令面板。将饱和度降至－79,这样使得高光的颜色和其他部分更加协调,如图 3-3-22 所示。

图 3-3-22　降低商标正面高光的饱和度

08 商标上的金色图文部分看起来不够亮,下面进行提亮处理。

将上一步骤中复制的图层与商标图层合并,新建一个"可选颜色"的调整图层,在属性面板中选择"黄色",将下方的"黑色"数值减少至－99,如图 3-3-23 所示。

图 3-3-23　通过可选颜色提高商标金色部分的亮度

选取商标人物左侧的轮廓,执行"选择"→"修改选区"→"收缩选区"命令,收缩量设为 3 像素,如图 3-3-24 所示。

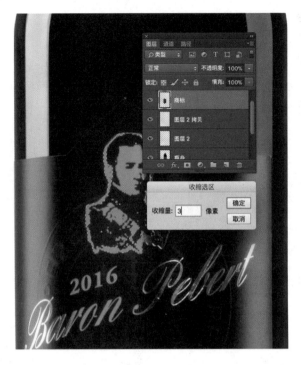

图 3-3-24　创建商标人物左侧边缘选区

按 Ctrl＋M 组合键打开"曲线"命令面板,将选区的亮度提高,形成亮边,如图 3-3-25 所示。

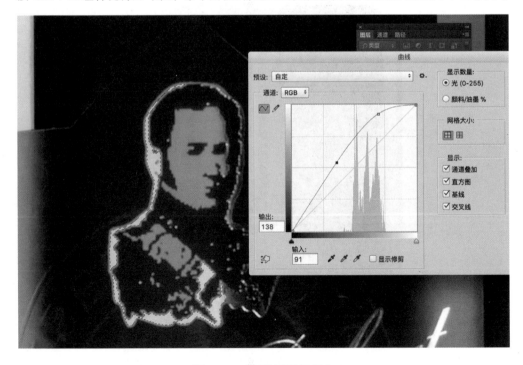

图 3-3-25　对选区进行提亮

09 修饰瓶口部分。使用"修补工具"去除包装封口处的边界线,如图 3-3-26 所示。

图 3-3-26　消除包装封口的边界线

新建一个空白图层,将图层模式设为"柔光"。使用黑色对中间高光的颜色进行压暗,如图 3-3-27 所示。

图 3-3-27　压暗瓶口正面高光

10 制作投影。显示除背景以外的所有产品图层，按 Ctrl＋Alt＋Shift＋E 组合键盖印成一个新的图层。按 Ctrl＋T 组合键执行"自由变换"命令，将该图层垂直翻转，如图 3-3-28 所示。

图 3-3-28　复制得到产品部分的投影

将该图层的不透明度调至 65％，添加一个图层蒙版使阴影产生过渡，如图 3-3-29 所示。

图 3-3-29　为投影添加过渡效果

修图完成效果如图 3-3-30 所示。

图 3-3-30　修图完成效果

结果检测

(1) 经过后期修饰,葡萄酒光影关系得到改善。

(2) 葡萄酒形体得到矫正,轮廓变清晰。

(3) 商标等细节得到改善。

知识拓展

(1) 镜面材质产品的修图要求有哪些?

(2) 调整酒类图片光线需要遵循哪些原则?

(3) 为一款白葡萄酒产品进行修图。

学习任务四
服饰修图

任务导语 ●●

　　服饰在各大电商平台上都是最为重要的商品种类之一。消费者在无法试穿（戴）的情况下，产品图片是他们是否决定购买的主要依据。产品图要准确地还原该类产品的色彩、质地和款式特点。本任务通过对皮包、鞋子、手表等常见产品进行修图，归纳和总结服饰类产品的修图规律。

任务背景 ●●

　　某公司的淘宝店铺需要上架新款皮包、女鞋等产品。该公司的产品拍摄和后期修图环节在某技师学校电商专业美工工作室完成。

　　电商专业美工工作室小李负责该店铺产品图片的修图任务。通过对漆皮、皮革、镜面反射产品特点的分析，小李决定利用课堂学习到的服饰类产品修图方法对该店铺系列产品进行精修。

学习活动 ●●

　　☆ 学习活动 1　手提包修图

　　☆ 学习活动 2　鞋子修图

　　☆ 学习活动 3　手表修图

学习活动 1　手提包修图

学习活动描述

根据皮包产品的特点,完成一款女士手提包的修图,如图 4-1-1 所示。

图 4-1-1　手提包修图案例

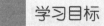 学习目标

（1）了解皮包类产品的视觉特点，掌握该类产品的修图方法。

（2）能对照片拍摄过程中光线和色彩不理想的部分进行精确调整，并对手提包的褶皱进行专业化处理。

知识链接

1. 皮包产品的特征

要表现出皮包类产品平整的形态，产品侧面轮廓是趋于平直的线条。产品表面要尽量减少褶皱，光影要均匀。另外，产品质感细节要突出。

2. 皮包的修图要求

① 皮包要形体平整，无明显褶皱。

② 皮包光线均匀。

③ 皮包表面纹理清晰、明确。

活动实施

1. 任务分析

打开手提包产品图片，观察产品的不足之处。

① 比较明显的问题是，该款手提包的材质较软，导致包的外形不够平整。

② 由于包的表面有很多褶皱，光线照射上去不够均匀，导致视觉效果欠佳。

③ 体现产品编织工艺的细节不够突出。

2. 修图过程

01 在 Photoshop 软件中打开手提包图片，如图 4-1-2 所示。

图 4-1-2　打开手提包图片

02 产品的抠图处理。由于该产品的背景颜色比较统一，产品的轮廓形状比较明显，所以使用"魔棒工具"比较容易选中。使用"魔棒工具"选中背景部分，按 Ctrl＋Shit＋I 组合键，反选该选区，如图 4-1-3 所示。按 Ctrl＋J 组合键将产品复制到新的图层。在产品图层的下方新建一个空白图层并填充白色，如图 4-1-4 所示。

图 4-1-3　将产品背景部分变成选区

图 4-1-4　将产品复制到新图层并填充白色背景

03 修掉辅助产品拍摄的挂钩。使用"仿制图章工具"就可以将该部分修掉,效果如图 4-1-5 所示。

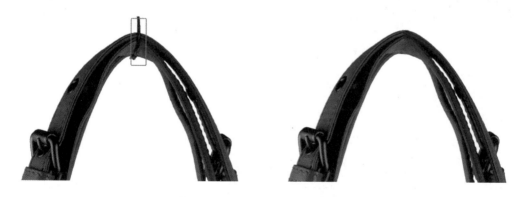

图 4-1-5　使用"仿制图章工具"去掉挂钩

04 矫正产品的外形。执行"滤镜"→"液化"命令,将画笔的笔刷调大,效果如图 4-1-6 所示。对产品右侧边缘处凹凸不平的地方进行调整,效果如图 4-1-7 所示。

图 4-1-6　使用液化命令并设置画笔大小

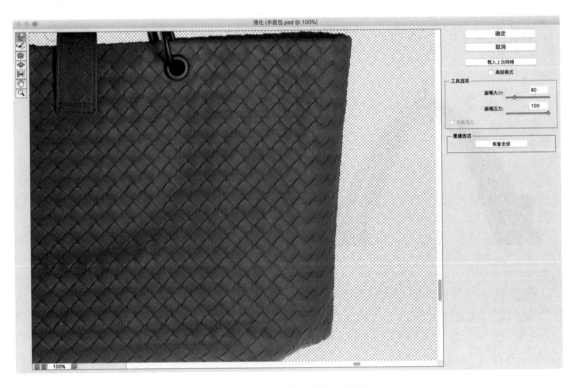

图 4-1-7　将产品边缘处推平整

使用相同的方法对包的带子和其他的细节之处进行微调整。完成后的效果如图 4-1-8 所示。按 Ctrl ＋ T 组合键,使用"自由变换"命令对产品的水平角度进行矫正,效果如图 4-1-9 所示。

图 4-1-8　将产品四周和带子修平整

图 4-1-9　使用"自由变换"命令调整产品使其水平

05 处理包的正面不平整的部分。

新建一个灰色的填充图层,图层模式设置为"柔光",如图 4-1-10 所示。按住 Alt 键单击该图层和下方图层中间处,将该图层变成下一个图层的剪切蒙版。

图 4-1-10　新建灰色调整图层

使用"画笔工具",透明度设为 15％,在灰色图层上分别选取黑色对手提包光线过亮部分进行涂抹,选取白色对光线过暗部分进行涂抹,这样就将手提包上较大的褶皱消除了,如图 4-1-11 所示。

图 4-1-11　消除手提包上较大的褶皱

　　按 Ctrl＋Shift＋Alt＋E 组合键,盖印成一个新的图层,将图层名称改为"高斯模糊"。按 Ctrl＋J 组合键复制该图层,并将图层命名为"线性光",如图 4-1-12 所示。

图 4-1-12　创建名为高斯模糊和线性光的新图层

　　06 对高斯模糊的图层进行"高斯模糊"处理,半径设为 14.8 像素,如图 4-1-13 所示。对线性光图层执行"图像"→"应用图像"命令。在对话框中将图层选为"高斯模糊",图层混合模式为"减去",缩放为 2,补偿值为 128。执行完后将该图层的混合模式设为"线性光",如图 4-1-14 所示。

图 4-1-13　对高斯模糊图层进行模糊处理

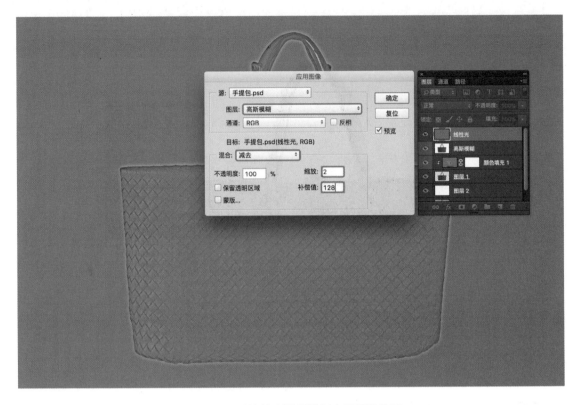

图 4-1-14　对线性光图层进行应用图像处理

选中高斯模糊图层,使用"修补工具"对手提包正面光线不均匀的地方进行拖拽处理。通过该处理,手提包的表面变得较为平整,如图 4-1-15 所示。

图 4-1-15　使用"修补工具"处理不均匀的光线

07 盖印一个新的图层,接下来添加一个"色相/饱和度"调整图层,将"饱和度"选项的数值设为15,使手提包的饱和度变高,如图 4-1-16 所示。

图 4-1-16 提高手提包的饱和度

08 新建一个灰色的填充图层,并设置图层模式为"柔光"。使用"画笔工具"选择黑色对包的侧面和底部进行涂抹,使皮包更具立体感,如图 4-1-17 所示。

图 4-1-17 增加手提包的立体感

09 增强手提包编织工艺的细节。按 Ctrl＋Alt＋Shift＋E 组合键，盖印得到一个手提包的图层。按 Ctrl＋J 组合键将该图层复制，并将图层的混合模式设为"线性光"，如图 4-1-18 所示。

图 4-1-18　复制新的图层并将模式设为线性光

选中上方的图层执行"滤镜"→"其他"→"高反差保留"命令，半径设为 1 像素，如图 4-1-19 所示。处理完成后发现包的质感和细节明显变强了，如图 4-1-20 所示。

图 4-1-19　对上方的图层执行高反差保留命令

图 4-1-20　执行完后的细节对比

修图完成效果如图 4-1-21 所示。

图 4-1-21　修图完成效果

结果检测

（1）皮包产品图片经过后期修饰，外观变得整齐，表面变得平整。

（2）产品光线均匀，颜色得到矫正。

（3）皮包编织纹理变得清晰，质感突出。

知识拓展

（1）皮包类产品的外形矫正用到哪些方法？

（2）如何增强皮包的质感？

（3）按照本任务的修图方法完成男士皮包的修图工作。

学习活动 2　鞋子修图

学习活动描述

　　本学习活动中的产品是一款漆皮女鞋,拍摄时使用了柔光灯箱,但是拍摄出来的高光形状不够理想。因此本任务的重点工作就是通过后期重新调整高光和反光的形状,使产品看起来更加精致。另外,也需要通过对比度的调整还原产品本来的颜色。

　　本学习活动的主要内容为:根据漆皮材质的产品特点,完成一款女鞋的修图。女鞋产品修图预期效果如图 4-2-1 所示。

图 4-2-1　鞋子修图案例

学习目标

(1) 了解鞋子产品的特点,掌握该类产品的修图方法。

(2) 能对照片拍摄过程中表现不足的部分进行精确调整,并对产品的高光、反光形状进行精修。

活动实施

1. 任务分析

打开鞋子图片,通过观察可以发现产品不够理想的地方主要是高光。柔光罩产生的形状与产品的外形特征不匹配。另外,鞋子的内侧部分有一些碎的线头,布面的光影不够均匀。

2. 修图过程

01 在 Photoshop 软件中打开鞋子图片,如图 4-2-2 所示。

图 4-2-2　打开鞋子图片

02 对产品进行抠图。使用"钢笔工具"绘制鞋子的外轮廓路径,如图 4-2-3 所示。将路径转换为选区后,按 Ctrl＋J 组合键,将鞋子复制到新的图层中。在鞋子图层的下方新建一个空白图层,填充白色。这样就完成了产品的抠图,如图 4-2-4 所示。

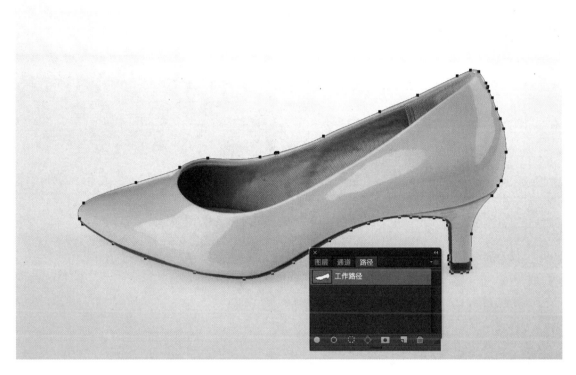

图 4-2-3　绘制产品外轮廓的路径

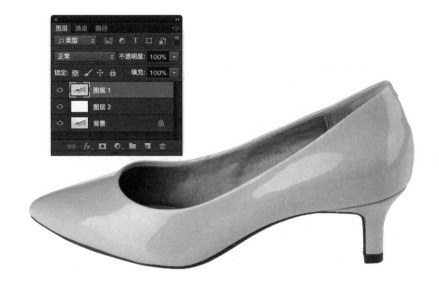

图 4-2-4　将产品复制到新的图层

03 对鞋子的内侧部分进行改善处理。使用"修补工具"对鞋子内部的线头等瑕疵部分进行修复处理,如图 4-2-5 所示。新建一个空白图层,将图层模式设为"柔光",如图 4-2-6 所示。选择"画笔工具",将不透明度调至 10%,分别选取白色和黑色对鞋内侧明暗反差较大的部分进行涂抹。将内侧布面部分变得平整,如图 4-2-7 所示。

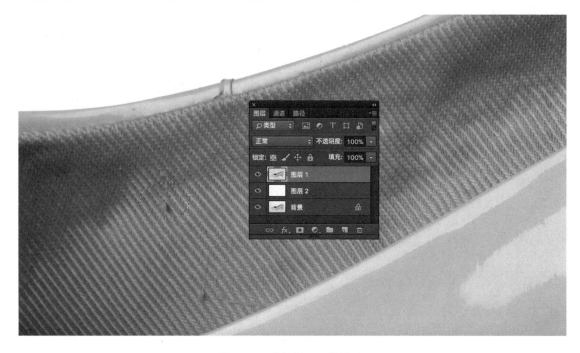

图 4-2-5 修复鞋子内侧瑕疵

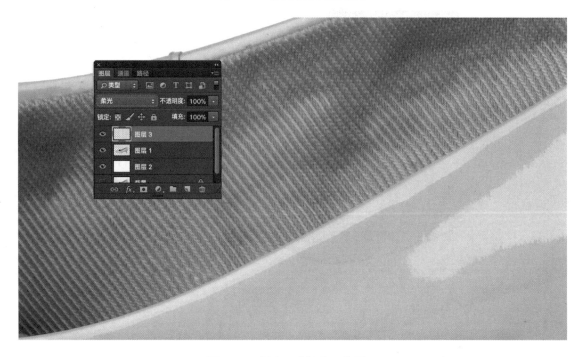

图 4-2-6 创建模式为柔光的图层

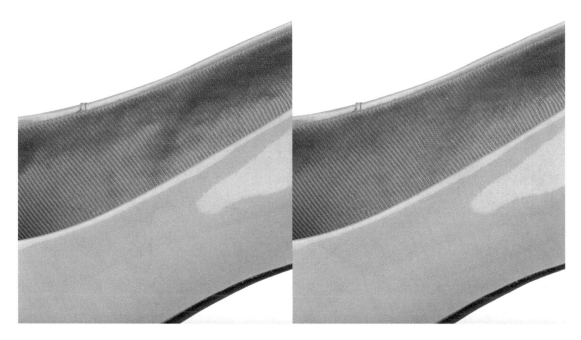

图 4-2-7　调整光影前后的效果

[04] 改善鞋面的光影关系。去掉鞋子正面两个面积较大的高光。由于右侧的高光面积较大，使用"修补工具"的时候分两次进行修复，第一次先去掉高光的右半边，如图 4-2-8 所示，第二次将高光的部分全部去掉，如图 4-2-9 所示。

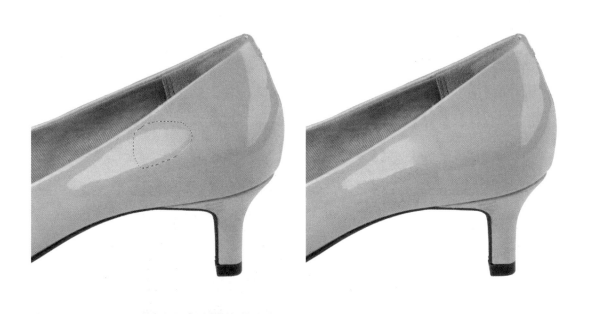

图 4-2-8　去掉产品正面一半的高光

图 4-2-9　完全去掉产品正面的高光

05 对于左侧的高光同样使用两个步骤修复完成。第一步先绘制高光上方的形状,如图 4-2-10 所示。绘制完成后转换为选区,新建一个空白图层,使用"渐变工具",选择从"前景色到不透明"的填充方式,吸取周围的颜色进行填充,如图 4-2-11 所示。

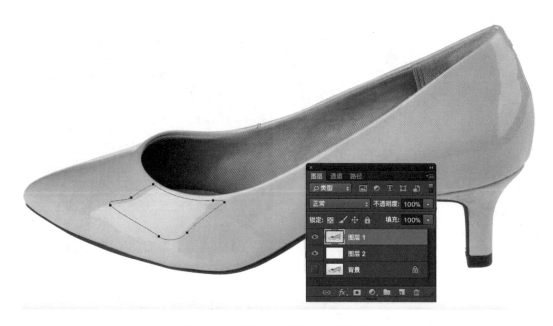

图 4-2-10　绘制上半部分高光的路径

图 4-2-11　对上半部分高光进行颜色填充

　　第二步绘制高光下半部分区域的路径，转换成选区后按 Shift＋F6 组合键，设置 10 像素的羽化半径，然后使用相同的方法进行填充，如图 4-2-12 所示。完成后使用"橡皮擦工具"对边缘处进行过渡处理。完成后的效果如图 4-2-13 所示。

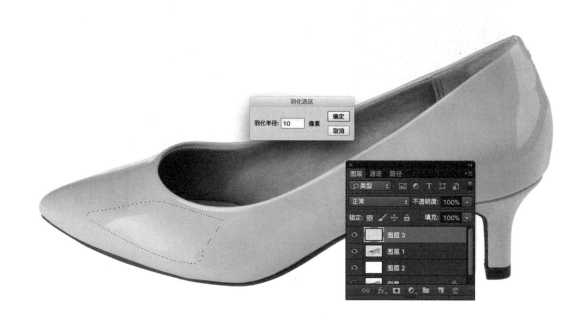

图 4-2-12　将下半部分高光变成选区并设置羽化半径

图 4-2-13　去掉高光后的效果

06 对反光的形状进行调整，使其变得更加规则。使用"钢笔工具"绘制反光形状边缘处的路径。注意绘制路径的时候反光上部边缘的路径要绘制规则，如图 4-2-14 所示。

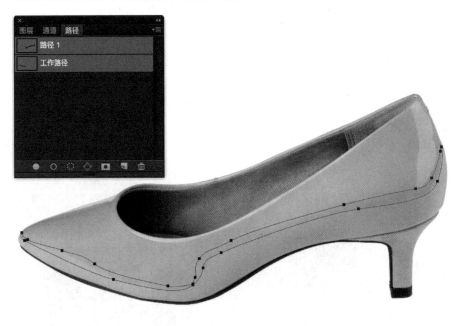

图 4-2-14　绘制反光边缘的路径

　　将路径转换为选区，新建一个空白图层。使用"画笔工具"，吸取周围颜色在选区内进行涂抹，如图 4-2-15 所示。

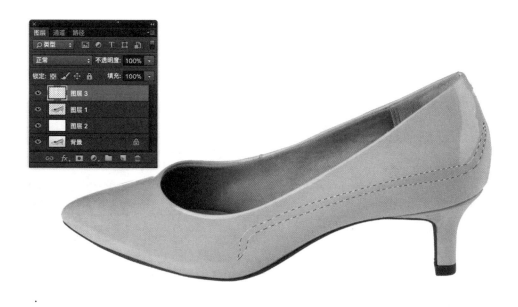

图 4-2-15　转换成选区并使用周围颜色涂抹

绘制完成后使用"橡皮擦工具"对该颜色的上部进行过渡处理,如图 4-2-16 所示。

图 4-2-16　完成反光边缘处涂色的效果

07 使用相同的方法对右侧反光进行形状处理,如图 4-2-17 所示。将右侧反光形状处理成长条状,如图 4-2-18 所示。

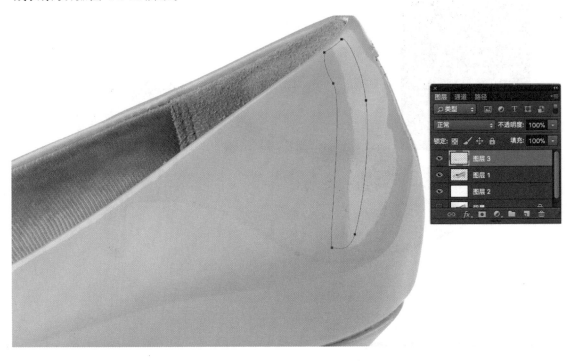

图 4-2-17　绘制该反光的边缘形状

图 4-2-18　绘制完成后的反光效果

08 增加鞋子亮部高光。使用"钢笔工具"绘制鞋子头部的高光形状路径,如图 4-2-19 所示。将路径转换为选区之后,新建一个空白图层,填充一个半透明的白色,如图 4-2-20 所示。

图 4-2-19 绘制高光的路径

图 4-2-20 将路径转换成选区并填充颜色

执行"滤镜"→"模糊"→"高斯模糊"命令,使高光变柔和,如图 4-2-21 所示。

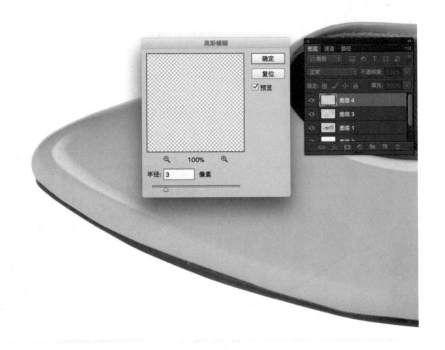

图 4-2-21　对高光进行模糊处理

09 提高产品的对比度。将鞋子部分合并成一个图层，新建一个"亮度/对比度"的调整图层，按 Alt 键单击该图层和下方鞋子图层的中间处，使其变成剪切蒙版。在属性面板中将"亮度"设为-15，"对比度"设为 20，勾选"使用旧版"复选框，如图 4-2-22 所示。

图 4-2-22　增加产品的亮度和对比度

10 为产品添加投影。将亮度对比度的调整图层和鞋子部分合并。按住 Ctrl 键单击鞋子的图层缩略图使其变成选区,如图 4-2-23 所示。

图 4-2-23　将产品变成选区

新建一个空白图层,使用"渐变工具"填充一个从"前景色到不透明"的灰色,如图 4-2-24 所示。

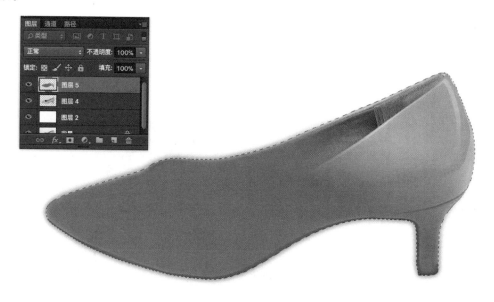

图 4-2-24　填充投影颜色

将填充颜色的图层移到鞋子图层的下方。按 Ctrl＋T 组合键执行"自由变换"命令，调整投影的角度，如图 4-2-25 所示。

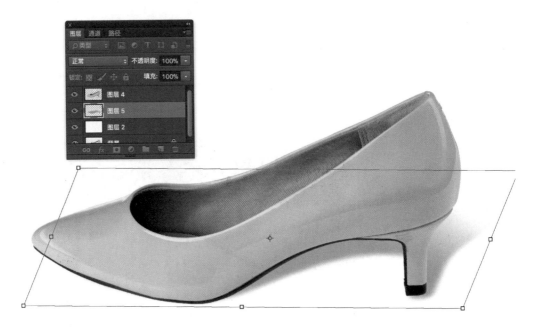

图 4-2-25　调整投影角度

修图完成效果如图 4-2-26 所示。

图 4-2-26　修图完成效果

结果检测

（1）鞋子经过后期修饰，产品光影关系变得明确。

（2）鞋子内侧的瑕疵得到修复，产品变得整洁。

（3）产品明暗对比增强，颜色得到还原。

知识拓展

（1）亮面皮质产品的主要特点是什么？

（2）如何调整鞋子高光的形状？

（3）产品的投影应当如何处理？

学习活动 3 手表修图

学习活动描述

　　本学习活动中的产品是一款合金材质手表,该类产品的质感通过拍摄很难体现,需要后期对产品局部光线细节进行精确调整。

　　本学习活动的主要内容为:根据合金材质产品的特点,完成一款手表的修图。手表修图预期效果如图 4-3-1 所示。

图 4-3-1　手表修图案例

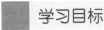 学习目标

（1）了解手表的产品特点，掌握该类产品的修图方法。

（2）能对照片拍摄过程中表现不足的部分进行精确调整，并对产品的高光、反光形状进行精修。

 活动实施

1. 任务分析

打开手表图片，通过观察可以发现产品表盘部分玻璃有反光，导致表盘内容不清晰。另外，表壳的上半部分颜色过暗，表壳表面的高光形状不够明确。

2. 修图过程

01 在 Photoshop 软件中打开手表图片，如图 4-3-2 所示。

图 4-3-2　打开手表图片

02 对产品分结构处理。使用"椭圆工具"绘制表盘外轮廓的路径，如图 4-3-3 所示。

图 4-3-3　绘制表盘外轮廓的路径

　　使用"直接选择工具"选中单个锚点进行移动，使路径与表盘的边缘轮廓精确对齐，如图 4-3-4 所示。

图 4-3-4　通过调整锚点位置使路径与表盘轮廓对齐

将路径转换成选区,按 Ctrl+J 组合键将表盘部分复制到新的图层中,如图 4-3-5 所示。

图 4-3-5　将表盘复制到新的图层

03 按 Ctrl+L 组合键打开"色阶"命令。将黑色的三角向右拖动,加深暗部的颜色;将白色的箭头略微向左移动,提高亮部的颜色,如图 4-3-6 所示。

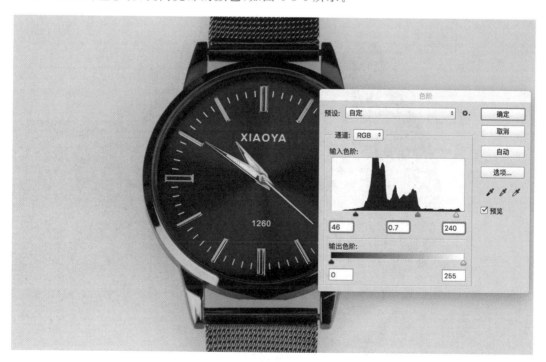

图 4-3-6　通过调整色阶改善亮度

04 绘制表壳内侧面的颜色。复制表盘的路径,按 Ctrl＋T 组合键执行"自由变换"命令,将路径缩小,使其对齐到表壳内侧的下方轮廓,如图 4-3-7 所示。

图 4-3-7　复制表壳内侧的下方路径

将路径转换为选区,按住 Ctrl＋Alt 组合键单击路径 1 得到表壳内侧选区,如图 4-3-8 所示。

图 4-3-8　将表壳内侧变成选区

　　新建一个空白图层,选择"画笔工具",吸取周围的颜色后对该选区进行涂抹,如图 4-3-9 所示。

图 4-3-9　使用画笔绘制内侧颜色

　　05 修饰表壳部分。复制路径 1 得到表壳最外侧的圆形路径,调整大小使其与边缘对齐,如图 4-3-10 所示。

图 4-3-10　创建表壳外侧的路径

使用步骤**04**中的方法,得到表壳的圆环选区,如图 4-3-11 所示。

图 4-3-11　将表壳正面圆环变成选区

使用"画笔工具",选择深灰色对圆环内部进行涂抹,如图 4-3-12 所示。

图 4-3-12　在表壳圆环内部绘制颜色

上完颜色之后,双击该图层打开"图层样式"面板,添加一个投影,角度为 90 度,如图 4-3-13 所示。

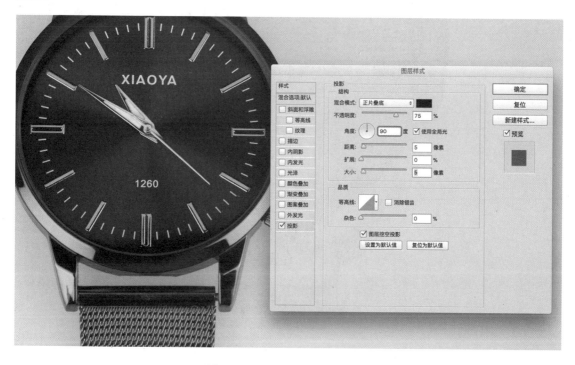

图 4-3-13　为表壳圆环添加投影

06 修饰表盘的高光形状。使用"钢笔工具"绘制高光的外侧轮廓路径,如图 4-3-14 所示。

图 4-3-14　绘制高光外边缘的路径

将路径转换成选区,使用"画笔工具"选取亮灰色对边缘处进行涂抹,如图 4-3-15 所示。

图 4-3-15　转换成选区并使用周围颜色涂抹外侧

对另一处高光采取相同的处理方法,绘制完成的效果如图 4-3-16 所示。

图 4-3-16　完成高光边缘填色后的效果

07 重新选择表壳最外侧的路径,并转换成选区,如图 4-3-17 所示。

图 4-3-17 创建表壳最外侧圆形选区

新建一个空白图层,填充黑色。然后将该图层向下移动几个像素,这样就得到了亮暗交界的一条深色的线,如图 4-3-18 所示。

图 4-3-18 通过填充黑色得到正面和侧面的交界线

08 修饰表耳部分。绘制表耳的路径，如图 4-3-19 所示。路径创建完成后转换成选区，将该部分复制到一个新的图层。

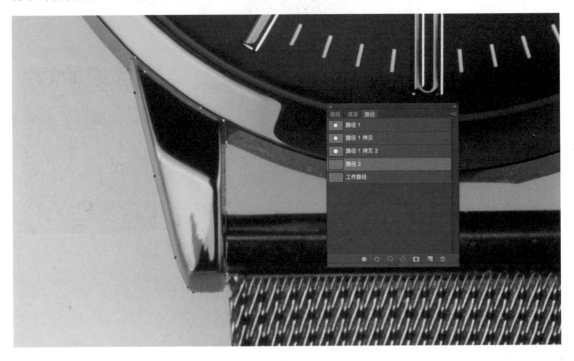

图 4-3-19　绘制表耳的路径

使用"钢笔工具"绘制表耳上的高光路径，如图 4-3-20 所示。将路径转换成选区，填充一个亮灰色，如图 4-3-21 所示。

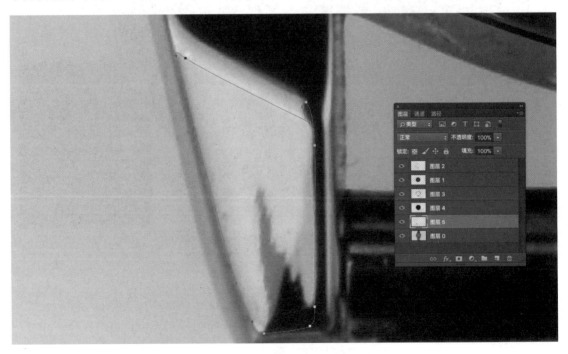

图 4-3-20　绘制表耳上的高光路径

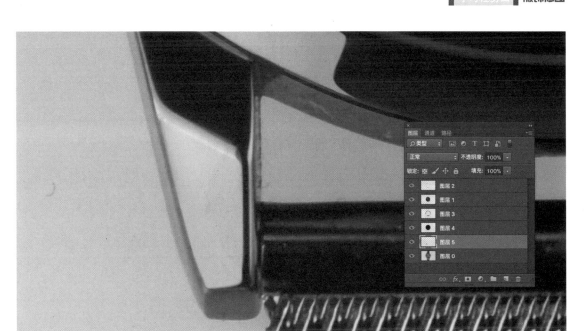

图 4-3-21　填充高光颜色

09 将绘制完成的表耳复制到右侧，如图 4-3-22 所示。手表上方的两个表耳通过相同的方法进行处理就可得到，如图 4-3-23 所示。

图 4-3-22　通过复制得到右侧表耳

图 4-3-23　使用相同的方法绘制上方两个表耳

　　按照前面绘制圆环的方法,选取表壳下方侧面圆环的形状,并填充颜色。效果如图 4-3-24 所示。

图 4-3-24　绘制表壳侧面的颜色

10 制作表链部分。绘制下方表链的路径,如图 4-3-25 所示。绘制完成后转换成选区并复制到新的图层中。新建一个空白图层,按住 Alt 键单击该图层和下方表链图层的中间处,使其变成剪切蒙版。

图 4-3-25　绘制下方表链路径

使用"矩形选框工具",绘制一个表链上方横轴的选区,底部要对齐到横轴的底部,如图 4-3-26 所示。

图 4-3-26　创建表链横轴选区

使用"渐变工具",设置与横轴匹配的渐变颜色,对选区进行填充,如图 4-3-27 所示。填充完成后的效果如图 4-3-28 所示。

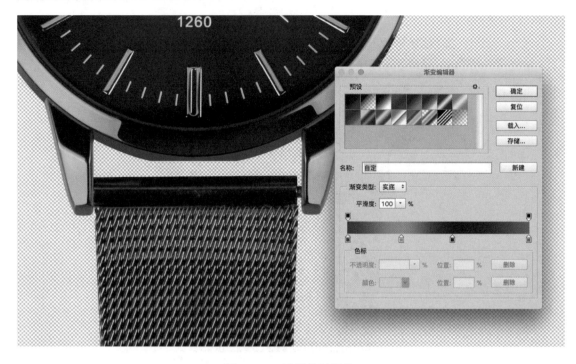

图 4-3-27　设置横轴颜色

图 4-3-28　横轴填充完颜色的效果

11 选中表链图层,按 Ctrl＋L 组合键打开"色阶"命令面板。向右拖动黑色三角,向左拖动白色三角,使该部分的颜色变得对比强烈,如图 4-3-29 所示。

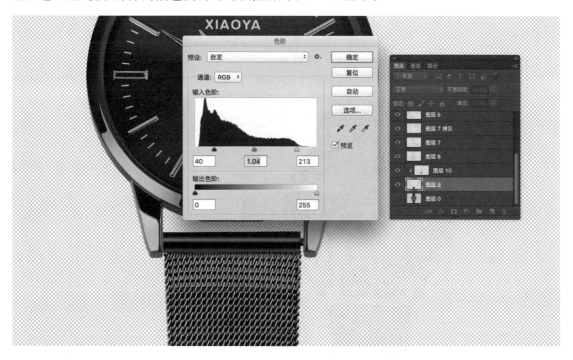

图 4-3-29　调整表链的明暗对比

12 使用复制的方法得到上方的表带,如图 4-3-30 所示。

图 4-3-30　复制得到上方表链

接下来填充一个白色背景放在产品图层的下方,选中产品部分图层按 Ctrl+Alt+Shift+E 组合键,将产品部分盖印成一个图层。按 Ctrl+M 组合键,打开"曲线"命令面板,向左拖动白色箭头提高产品的亮度,如图 4-3-31 所示。

图 4-3-31 通过曲线整体提高产品亮度

修图完成效果如图 4-3-32 所示。

图 4-3-32 修图完成效果

结果检测

（1）手表经过后期修饰，产品光影关系变得明确。
（2）手表表盘玻璃反光得到消除。
（3）产品明暗对比增强，质感得到提升。

知识拓展

（1）金属手表的主要特点是什么？

（2）如何修整手表高光的形状？

（3）试着完成一款不锈钢材质手表的修图。